国网河北省电力公司项目：基于最优成本目标的北方清洁取暖技术方案研究

北方清洁供暖透视

冯砚厅　陈浩宇　主编

中国原子能出版社

图书在版编目（CIP）数据

北方清洁供暖透视 / 冯砚厅，陈浩宇主编．— 北京：中国原子能出版社，2020.9（2021.9重印）
ISBN 978-7-5221-0920-6

Ⅰ．①北… Ⅱ．①冯… ②陈… Ⅲ．①秸秆—无污染能源—供热 Ⅳ．①S216.2

中国版本图书馆 CIP 数据核字 (2020) 第 187502 号

北方清洁供暖透视

出版发行 中国原子能出版社（北京市海淀区阜成路 43 号 1000048）
责任编辑 杨晓宇
责任印刷 潘玉玲
印　　刷 三河市南阳印刷有限公司
经　　销 全国新华书店
开　　本 787 毫米 * 1092 毫米　1/16
印　　张 10.75
字　　数 160 千字
版　　次 2020 年 9 月第 1 版
印　　次 2021 年 9 月第 2 次印刷
标准书号 ISBN 978-7-5221-0920-6
定　　价 48.00 元

网址 :http//www.aep.com.cn　　E-mail:atomep123@126.com
发行电话 :010 68452845

前 言

我国北方农村地区长期没有集中供暖，主要有以下几种传统的供暖形式：火炕、土暖气、火炉等。这些供暖形式在某些方面满足了我国农村的供暖需求，为农村提高生活品质做出了贡献，但也带来了能源浪费、环境污染等一系列问题。针对农村清洁供暖这些问题，我国政府十分重视，出台了一系列节能减排、清洁取暖、提高空气质量、提升农村居住环境等一系列国家政策，给予了农民大量补贴，暂时解决了农村农民供暖问题，但长期市场化供暖仍存在很多问题。

本书首先介绍了北方清洁取暖的背景与现实情况，然后对不同清洁能源成本进行了分析，接下来对不同清洁供暖形式进行了研究，最后对采暖生态循环进行了阐述，并提出了展望。

本书在编写的过程中，得到了同事的大力支持，在此一并表示衷心的感谢。由于时间紧，工作量大，难免会出现不足之处，恳请大家批评、指正。

目　录

第一章　北方清洁取暖的背景

第一节 北方的地理环境与民居特点

我国北方由于地理环境的因素影响，冬天气温普遍较低。城镇房屋建设比较密集，城市住宅一般具有偏暖色调等特点，我们怎样通过合理的房屋布局规划，有效提高节能采暖是这个地区住宅发展的重要问题。

本书所指我国北方地区包括东北，华北，西北。主要是在秦岭—淮河一线以北，大兴安岭—乌鞘岭以东，东临渤海和黄海。在气候上，冬天经常受冷空气的控制，天气干燥寒冷。累计日平均温度低于 5 ℃的天数，一般情况下都在 90 天以上，最长的满洲里地区多达 211 天。这一带区域也被称之为寒冷地区，其覆盖面积大约占我国国土总面积的 20%。

我国建筑气候划区分级，主要是综合分析和主导因素相互结合的原则指导下，把全国一共划分为 7 个一级区域，20 个二级区域。一级区域反映了全国建筑气候的大环境、大差异。二级区域则是反映了一级区域内建筑气候的差异。我国地形比较复杂，各地由于地势、地理和纬度等条件不同气候差异悬殊。为了明确建筑与地理环境气候的关系，使各种建筑能够更加充分地利用环境和适应气候条件，从建筑设计的角度将全国的建筑分成了五个区域：严寒地区，寒冷地区，夏热冬冷地区，夏热冬暖地区和温和地区。

我国北方民居是我国传统建筑中的一个比较重要的类型，是古代建筑中民间建筑体系的主要组成内容。这种建筑类型覆盖面积大、数量多，主要分布在华北、东北、西北等地区。这种类型建筑主要以砖木结构为主，特点在于以木构承载重量，砖墙围护，或是用砖承重。北方住宅建筑基本上比较矮小，室内空间不大，墙体都是较厚重，屋顶也是比较厚。这是因为北方地区的冬季气候条件寒冷的原因所致。中国的黄河中上游区域多以窑洞式住宅居多，在甘肃、河北、山西、陕西等地区，本地的居民在山壁

上或土壁上开凿洞穴，往往把许多洞穴连在一起，在洞穴内部用砖砌成砖墙。建造好的洞穴有防火、防风等好处，节约了土地资源，冬暖夏凉，经济上节约了成本，可以把当地的自然景观跟洞穴完美地结合在一起，起到因地制宜的作用，也体现了当地人们对黄土地的热爱。以几个代表性民居为例，介绍我国北方民居的特点。

一、北京民居

北京的四合院是北京的传统住宅。它的基本特点是按照南北对称布局，房屋都是坐北朝南，大门开在院子的东南角，门内有屏风，门外的人是不会看到院内的情况的。主人的正房位于中轴线上，两侧为左右厢房。正房一般都是长辈的房间，厢房是晚辈的房间，这种长幼有序的布局，正是体现了当地人民正统、严谨的性格。院内中间是庭院，很宽敞，是种植树木花草的地方，也是让人们娱乐的场所。北京地区属于暖温带气候，冬天寒冷少雪，春天干旱多风沙，所以，在住宅设计上主要保温、防风、避寒、避沙，在房子的外围砌上一圈砖墙，整个院子被砖墙包围，墙壁和屋顶一般都比较厚重，四合院的居民均睡火炕取暖也多用火炉。中国北方的院子一般就是以四合院最为有特色，许多外国友人也十分喜爱去游玩。北京的四合院虽然是居民居住的地方，但是它却蕴含着丰富的文化底蕴，是中华文化的精华。

二、内蒙古民居

蒙古包是内蒙古地区的特色住宅，以毡包为主。内蒙古主要以草原牧民为主，由于牧民放牧的需要，所以以拆迁比较方便的毡包为主。草原上的牧民每年一般会有 4 次迁徙，蒙古包是当地牧民游牧生活的产物。蒙古包一般呈圆形，四周侧壁分成数多块，每块高一般在 130 ～ 160 cm、长 230 cm 左右，用条木编成网状，几块连接在一起，围成圆形，长盖伞骨状圆顶，与四周的侧壁相连接。

蒙古包的顶部和四壁覆盖或围上毛毡，之后再用绳索固定住。在蒙古包的西南侧壁上留下一个口子，用来安装门，蒙古包的顶上留一个圆形的天窗。有大型的，有小型的，大的，可容纳 600 多人同时居住，小的能够容纳 20 多人居住。蒙古包可分为游动式和固定式两种，半农半牧的蒙古族人多建造固定式的蒙古包，周围四周砌土壁，上面有苇草搭盖，蒙古包的搭盖很简单，一般情况下搭建在水草适宜的地方，先是根据蒙古包的大小画一个圈，然后按照画好的圈搭建蒙古包。蒙古包看起来外形虽然不大，但是蒙古包内的使用面积却很大，而且室内的空气流通很好，太阳光充足，冬暖夏凉，风吹雨打也不怕，还有一种游动式的蒙古包非常适合常常转换居住地点的游牧人们来使用。

三、宁夏民居

宁夏主要是回族人的聚居地，地处西北的宁夏远离海洋，一年四季降水少，温度差异很大，气候寒冷，冬天和春天干旱多风沙，一般是盛行偏北风，所以住宅一般不开设北面窗户。为了冬季保温防寒，房屋一般都紧凑，屋顶一般就是一面坡或是两面坡，民居的院墙及屋墙均用泥土砌筑而成，土墙上呈现一定的民居风格和习俗装饰，风格独特。

四、陕北民居

陕北的民居一般都是窑洞式，窑洞是一种比较特殊的建筑，它不是在地面或是什么物体的基础上加盖起来的房屋，而是在自然界的山或是土坡上去掉一些空间后形成的建筑物。这种建筑流行在中国的西北部黄土高原地区，一般的窑洞一二百米深（洞顶土厚），即使下雨也极难渗进去水，正因为是黄土的直立性很强，为建造窑洞提供了很好条件。窑洞一般分为靠崖窑、砖石窑等。靠崖窑是在黄土山坡上开凿窑洞，每个洞宽约 3 ～ 4 m、深 5 ～ 9 m 左右，直壁的高度约为 2 米多到 3 米不等，并且常常许多洞连在一起或是上下相连。地坑窑是在土层中挖个深坑，打造成人工的崖面，之后在其上面开始挖窑洞，砖石窑是在地面上用黄土和砖砌成一层或二层的小屋。黄土高原气候干燥，且黄土质地均匀，有很强的胶结性和直立性，黄土土质疏松很容易挖掘，所以当地居民因地制宜，在土质比较好的地方挖洞而居，这样不但节省了建筑材料，还节约了土地。且建好的窑洞具有冬暖夏凉的好处。随着经济的不断发展，这些年来，陕北的一些地方开始放弃地坑式窑洞的修造，并开始在地面上营造砖木结构的房屋居住。

五、山西民居

山西民居是北方民居最具有代表性的民居，提到山西民居的特点就不得不说一说山西的乔家大院，乔家大院可以说是最具有山西民居特色的建筑。它的最鲜明特点是外实内静，也就是说在乔家大院的主建筑外围是高大的实墙，大院的内部形成了与外面隔绝的独立空间。乔家大院外围的实墙厚重敦实，阻隔了外面的花花世界，熙熙攘攘，给主人一个安详的环境，使住宅内安宁恬静。乔家大院的另一个特点就是单坡屋面，屋面向内侧倾。这种设计具有很强的防御作用。山西的民居建筑复杂多样，简单的穴居到村里财主的院落，到城市里细致讲究的房子，都颇有一番风情。山西的窑洞房有几种类型，一种是在黄土高原的高山崖边挖进去的窑洞。挖进去的窑洞又可以分为几种情况：一种是在挖进去后在墙上涂抹一层白灰，安上炕就可以居住了。还有一种是在窑洞内壁上砌一层砖，之后再抹白灰居住。这几样都是挖进去的窑洞。还有一种就是砌起来的窑洞，这种窑洞有用砖砌成的，有用石头砌成的，还有用土混合稻草砌成的，有的为了结实还会用砖和石头一起砌成。从整体的布局来看，山西的村野民居最善利用地形，就着山崖的缓峻而下，层层叠叠，自然成画，不带丝毫勉强，无意中完成了建筑中因地制宜自然随和的优点。

第二节　北方住宅的规划分析

考虑到北方地区的气候问题，我们要从北方住宅的选址规划上要注意许多问题。因为在北方冬季冷空气中，气流在凹地内会形成对房屋的霜洞效果。所谓“霜洞”是指在冬季的夜晚由于气温较低再加上没有风的流动，冷空气堆积在凹地底部，使其空气温度要比其他地方的温度低很多。在凹地地区的住宅，要保持室内温度正常的情况下，消耗的能量要比其他地方多得多。

一、北方农宅保温分析

寒冷的冬季，人们希望获得更多日照来提高室内的温度，争取更多日照主要包括日照时长，日照量和日照的质量等方面。根据房屋所需要的条件，合理利用地形对建筑进行布局，形成良好地建筑环境，有利于建筑的节能。通过完善的空间布局，形成较封闭的局部空间，避免季风干扰，保持地表及建筑温度，形成对冬季恶劣气候的有效防护，改变建筑的日照因素和风的因素，以此更加有效地达到节能环保的目的。

北方住宅建筑物主要朝向应该采用南北方向或者是接近南北方向，要尽量避开冬季的主导风向。虽然地方政府没有规定，但是寒冷的北方地区的住宅大多数都是朝南北向布局的，从房屋被动式设计的理论上来说，这种做法是非常有利的。出现这种情况有两方面的因素：一是我国北方地区冬季气候十分寒冷，为了得到更多地采光和热量，北方居民多把房屋住宅的朝向定为坐北朝南。另一个原因是北方地区冬季的主导风向有密切关系，在冬季北方的风势主要呈南北走向。因此，房屋采用南北走向的布局，冬天可以防风，避免因为位置原因形成风口。我国为了加快制约能源消耗，节约建筑浪费，发布实施了《公共建筑节能设计标准》，以体形

系数作为建筑节能设计的一个重要标准。建筑物的建筑体形系数是建筑物和室外接触的表面积与表面积所包含的建筑体积的比值。一般情况下，体形系数越大，建筑物单位空间要分担的热能量损失就越大，单位能消耗就多；反之，体形系数越小，建筑物单位空间所分担的热能量损失越小，能耗就越小。房屋体形系数一般控制在 0.30 到 0.30 以下，房屋体形系数大于 0.30 时，屋顶和四周的外墙应该加强保温。但是单纯地依靠房屋体形系数来设计建筑物的平面体形，是远远不够的。住宅与住宅之间应该有一定的间距。这个距离一般是由建筑物日照时间长短等因素决定的。阳光对有杀菌的效果，还有对人的心理和精神方面也有影响。因此，住宅之间的距离应该选取合适，这样能够保证室内拥有足够的日照量。

房屋的建筑体积等因素都跟保温节能有很大的关系，选择保温节能的建筑体型时，要考虑诸多因素，如冬季气候与日照度，建筑朝向，当地风土环境等，根据具体的条件衡量得热跟失热的情况，综合分析才能准确地确定。在具体的房屋建筑当中，总体来说一般最佳的体型不是完全由体型系数确定，应该适当地减少建筑面宽，加大建筑进深，这样可以减少单位面积上的热量消耗。适当地增加房屋建筑的层数，也可降低耗热量的指标。房屋建筑的平面形状也可能使节能效果产生改变，不同的建筑形状，使建筑的热消耗不同。提高日照的质量是使建筑有效保温和节能的重要因素，而建筑体的建筑朝向是采光获得更多日照的先决条件。根据北方的气候特点，应该选取冬天时有充足的阳光辐射到室内，而夏天时阳光很少的能照射到室内，这样即最大程度的提高日照的利用率，有效的节能，也减少了能源的消耗。

二、北方建筑保温技术分析

（一）保护主体结构，延长建筑物寿命

采用外保温技术，由于保温层置于建筑物围护结构外侧，缓冲了因温度变化导致结构变形产生的应力，避免了雨、雪、冻、融、干、湿循环造成的结构破坏，减少了空气中有害气体和紫外线对围护结构的侵蚀。事实

证明，只要墙体和屋面保温隔热材料选材适当，厚度合理，外保温可以有效防止和减少墙体和屋面的温度变形，有效地消除常见的斜裂缝或八字裂缝。因此外保温有效地提高了主体结构的使用寿命，减少长期维修费用。

（二）基本消除“热桥”的影响

“热桥”指的是在内外墙交界处、构造柱、框架梁、门窗洞等部位，形成的散热的主要渠道。对内保温而言，“热桥”是难以避免的，而外保温既可以防止“热桥”部位产生结露，又可以消除“热桥”造成的热损失。热损失减少了，每个采暖季的支出自然就降了下来。

（三）使墙体潮湿情况得到改善

一般情况下，内保温须设置隔汽层，而采用外保温时，由于蒸汽渗透性高的主体结构材料处于保温层的内侧，只要保温材料选材适当，在墙体内部一般不会发生冷凝现象，故无须设置隔汽层。同时采取外保温措施后，结构层的整个墙身温度提高了，降低了它的含湿量，因而进一步改善了墙体的保温性能。

（四）有利于室温保持稳定

家中如果有老人或小孩，温差较大，常常使抵抗力弱的老人小孩患病，而外保温墙体由于蓄热能力较大的结构层在墙体内侧，当室内受到不稳定热作用时，室内空气温度上升或下降，墙体结构层能够吸引或释放热量，故有利于室温保持稳定。

（五）便于旧建筑物进行节能改造

以前的建筑物一般都不能满足节能的要求，因此对旧房进行节能改造，已提上议事日程，与内保温相比，采用外保温方式对旧房进行节能改造，最大的优点是无需临时搬迁，基本不影响用户的室内生活和正常生活。

（六）可以避免装修对保温层的破坏

不管是买新房还是买二手房，消费者一般都需要按照自己的喜好进行装修，在装修中，内保温层容易遭到破坏，外保温则可以避免发生这种问题。

（七）增加房屋使用面积

消费者买房最关心的就是房屋的使用面积，由于外保温技术保温材料贴在墙体的外侧，其保温、隔热效果优于内保温，故可使主体结构墙体减薄，从而增加每户的使用面积。

第三节 北方普通住宅的传统采暖方式

根据调查在早期中国北方居民一般都是居住在土盖的平房中，到了冬季为了取暖，人们一般都是上山伐木，回来烧木材来取暖，这样的伐木取暖不仅破坏了自然环境，还不能很好的利用热能，有很大一部分热量流失。渐渐的，北方的人们开始使用煤炭等一些易燃可燃的物质进行燃烧取暖，但是慢慢的问题也随之出现，这些物质都有二氧化碳的大量排放，单独的个体都处理不好这些物质气体，使环境加快的被污染。随着科学技术的提高，人们开始使用更多的冬季采暖技术，集中供热方法就是这个时期人们研究出来的基本建设供暖原则，到了现在已经发展到了相当高的水平，在集中供热方法中热电联合生产是被人们认识在能源利用上是最好的最有效的形式。在北方规模比较大的住宅一般都采用集中热力网进行采暖供热，这种大型采暖方式的优点在于安全、方便。但是也有它的不足的地方，这种取暖方法无法根据住户的要求来供热，采暖的时间和费用都是固定的，在我国北方大多数地区长期以来都是采用这种方式进行供热的，集中供热的费用是按房屋室内的采暖面积来收取的，但是这种收费方式存在一定的问题，无论房间或是用户是否使用都必须交纳采暖费用，还有由于供热系统方面无法知道用户这方的要求，无法统计热量，无形中造成30% ～ 40% 的热量浪费。集中供热网还需要铺设供热管道，管道一般情况下都会距离很长，在维修和保护方面都要花费很多费用。当地的政府为了解决采暖在收费上的问题，提出了集中供热分户计量的供热方式。这种方式可以减少和避免以上提出的许多弊端。对于许多住宅来说，这种供热的方式是今后发展的方向。从集中供热中，人们又研究出来城市集中供热的热电联产方式，这种方式是把燃料的高品位热能发电后，剩下的低品位热能用来供热。目前，我国的大型热电厂供热时发电效率可以达到 20%，

其余的 80% 热量中的 70% 可以用来集中供热。从这个角度上来看，热电联产供热的方式，能够很好地利用能源，降低了能源的浪费，合理地做到了优化布局，节能的效果。对于一些中小型住宅采用集中热力网供热就有些不太适合，这些住宅一般都会采用社区锅炉的方式进行社区内部自己供热。这种供热方式比较灵活，供热取暖的时间可以根据社区住户的要求进行协调决定。这种供热的缺点在于它要比集中供热方式的费用要高些，也会存在环境污染问题。以下介绍几种北方地区常见的取暖方式。

一、火炕

火炕是北方居民为适应寒冷而发明的传统取暖设施。火炕由炕炉、抗体、烟囱等 3 个部分构成。它的原理是利用灶口烧柴后产生的热烟经炕间墙流动后加热上面的石板，使炕体升温，进而加热房间。燃料可以是秸秆、薪柴、煤炭等。其优点是结构简单，造价低，运行成本低。缺点是热效率低，不安全，对环境污染大，不符合我国节能减排，农村清洁供暖的要求，且在农村使用率有下降的趋势，未来势必要被更高效节能且清洁的供暖形式所代替。

二、土暖气

土暖气是另一种农村普遍采用的采暖形式，其系统是由锅炉、散热器（暖气片）、上水管、下水管、水斗组成。它的原理是燃煤锅炉燃烧生成热水，热水循环中利用供、回水的温差产生密度差，作为水循环的动力，进而使热水流经暖气片辐射对房间进行加热。其优点是结构简单，运行成本较低，取暖室温升高较快。其缺点为舒适性差，燃烧煤炭的锅炉缺乏排气处理装置，作为能源的煤也无法做到除硫等加工处理，燃烧过程中会排出如 PM2.5、PM10、SO_2、CO_2 等大气污染物，和我国农村清洁供暖的需求相悖。

三、火炉

火炉是另外一种在农村较为常见的供暖形式，具有燃料来源广泛的特点，其燃料来源可以是秸秆、动物干粪便、生物质压缩颗粒、煤炭等。它由炉膛和排烟管道组成，其基本原理是燃料在炉膛内燃烧后既可以直接散热，其产生的高温烟气又可经排烟管与室内空气进行换热。其换热形式有辐射、对流、导热。火炉放在室内，相比土暖气采暖减少了热量传输过程中的热损失。其优点为取材广泛、热效率较高、舒适度较好，可作为房间装饰品等。其缺点是有火灾安全隐患、笨重、若燃烧不充分产生的气体对人体有危害。

第二章　北方清洁取暖的现实情况

第一节　北方清洁取暖背景

2018 年 6 月 27 日，国务院发布《打赢蓝天保卫战三年行动计划》，要在 2020 年采暖季前，在保障能源供应的前提下，京津冀及周边地区、汾渭平原的平原地区基本完成生活和冬季取暖散煤替代；对暂不具备清洁能源替代条件的山区，积极推广洁净煤，并加强煤质监管，严厉打击销售使用劣质煤行为。燃气壁挂炉能效不得低于 2 级水平。力争 2020 年天然气占能源消费总量比重达到 10%。

一、提出清洁取暖产业发展的新路径

第二部分“调整优化产业结构，推进产业绿色发展”第八项工作“大力培育绿色环保产业”指出：“积极推行节能环保整体解决方案，加快发展合同能源管理、环境污染第三方治理和社会化监测等新业态，培育一批高水平、专业化节能环保服务公司。”对于清洁取暖产业来讲，特别是分布式集中供暖，合同能源管理是一个很好的商业模式，既能降低政府投入，又能提高项目质量。

二、明确北方地区清洁取暖工作要求和推进模式

第三部分“加快调整能源结构，构建清洁低碳高效能源体系”第九项工作“有效推进北方地区清洁取暖”指出：“坚持从实际出发，宜电则电、宜气则气、宜煤则煤、宜热则热，确保北方地区群众安全取暖过冬。集中资源推进京津冀及周边地区、汾渭平原等区域散煤治理，优先以乡镇或区县为单元整体推进。2020 年采暖季前，在保障能源供应的前提下，京津冀及周边地区、汾渭平原的平原地区基本完成生活和冬季取暖散煤替代；对暂不具备清洁能源替代条件的山区，积极推广洁净煤，并加强煤质监管，

严厉打击销售使用劣质煤行为。燃气壁挂炉能效不得低于2级水平。”这一段表述，指明了清洁取暖工作方式方向：一是要有效推进北方地区清洁取暖。二是清洁取暖工作必须以“四宜”为标准，确保群众安全取暖过冬，暂不具备清洁能源替代条件的地区，比如北京山区，空气源热泵等技术产品如果不能保证超低温正常使用，就不要强改，应以洁净煤推广应用为主。三是“优先以乡镇或区县为单元整体推进”，首次明确了乡镇或区县的“双改”主导地位和工作推进模式，这是对以往乡镇或区县牵头招标开展“双改”工作模式的肯定。四是燃气壁挂炉设置了不得低于2级能效的技术要求，必须强调“双改”技术产品的节能指标。

天然气产供储销体系建设方面，“力争2020年天然气占能源消费总量比重达到10%。新增天然气量优先用于城镇居民和大气污染严重地区的生活和冬季取暖散煤替代”，“有序发展天然气调峰电站等可中断用户，原则上不再新建天然气热电联产和天然气化工项目”。强调天然气产供储销要成体系建设，目标任务比较理性，“以气定改”，不允许一哄而上，造成“气荒”。“限时完成天然气管网互联互通，加快储气设施建设步伐”等要求，为天然气有关产业打开了发展之门。

“加快农村‘煤改电’电网升级改造”这部分提出“鼓励推进蓄热式等电供暖”，为光伏+、太阳能+、相变蓄热等新技术产品打开了发展空间，但具体到有关技术产品如何推广应用还需要进一步引导和扶持。

三、开展燃煤锅炉综合整治，为空气源热泵分布式集中供暖、养殖烘干产业发展打开了空间

第三部分“加快调整能源结构，构建清洁低碳高效能源体系”第十一项工作“开展燃煤锅炉综合整治”“县级及以上城市建成区基本淘汰每小时10蒸吨及以下燃煤锅炉及茶水炉、经营性炉灶、储粮烘干设备等燃煤设施，原则上不再新建每小时35蒸吨以下的燃煤锅炉”等要求，燃煤锅炉取缔后留出巨大市场空白，需要空气源热泵等技术产品去填补，为热泵分布式集中供暖、养殖烘干产业发展打开了空间。广大热泵企业要抢抓机遇，力争实现经济效益和社会效益双丰收。

四、拓宽投融资渠道助推清洁取暖产业驶上快车道

第八部分“健全法律法规体系，完善环境经济政策”第三十项工作，明确提出要拓宽投融资渠道，“各级财政支出要向打赢蓝天保卫战倾斜。增加中央大气污染防治专项资金投入，扩大中央财政支持北方地区冬季清洁取暖的试点城市范围，将京津冀及周边地区、汾渭平原全部纳入。环境空气质量未达标地区要加大大气污染防治资金投入。”这是打赢蓝天保卫战的重要引领和支撑。另外，国家在加大经济政策支持力度和加大税收政策支持力度方面，也提出任务目标，关键是政策是否落地、如何落地，这需要各部门共同努力。

第二节 清洁供暖现状

当前我国北方农村地区冬季供暖的现状为：以散煤供暖为主，能源利用率低，排放大量污染物；清洁供暖措施持续推进，主要包括清洁煤推广、节能高效炉具推广、煤改电、煤改气、太阳能等清洁能源替代技术和集中供热等，大气污染问题治理初见成效。

一、清洁煤 + 节能环保炉具替代稳步推进

我国煤炭资源丰富，是当今世界上最大的煤炭生产国和消费国。由于价格低廉易获得，散煤成为用户供暖过程中使用的主要燃料，达到生活用煤的 90% 左右。炉具行业调查发现，我国 1.6×10^8 户农村家庭中分散供暖约 9300×10^4 户，其中燃煤供暖约 6600×10^4 户。全国供暖炉具市场容量约为 1.86×10^8 台，商品化市场保有量约为 1.2×10^8 台。

全国供暖期平均户均煤炭使用量为 3.0 t/ 户，全国平均节能环保炉具市场占有率为 23%。调查发现，2015 年生产的 1300×10^4 台炉具中，低效劣质炉具高达 70% 以上，供暖期户均使用燃煤 3.0 t 以上，民用燃煤每年消耗量逾 3×10^8 t。散煤不充分燃烧导致大量颗粒物、二氧化硫、氮氧化物和黑炭等污染物进入大气中。由于没有污染物控制装置，民用燃煤污染物排放量高于工业和电厂锅炉 5 ～ 10 倍，造成冬季严重的大气污染。粗制滥造的炉具污染物泄漏引起的室内污染已经成为威胁居民健康的重大隐患。

2013 年 9 月国务院发布《大气污染防治行动计划》，明确指出："减少污染物排放，全面整治燃煤小锅炉。""好煤配好炉" 是民用散煤燃烧污染治理过程中重要的措施。其中，"好煤" 主要指兰炭、洁净型煤等清洁煤，"好炉" 指技术改进的节能高效炉具。不同于一般烟煤，兰炭具有低挥发分、低灰分的特点，被认为是能够降低民用供暖过程中 PM2.5 排放的重

要清洁燃料；洁净型煤经过洁净化处理和加工成型，配套节能环保供暖炉具，能够实现氮氧化物、二氧化硫和烟尘明显降低。

各地在巨大财政补贴基础上进行清洁煤炭推广，推广技术路径尚未十分完善，增加了市场对于政策补贴的依赖性。供应体系的不完善造成了洁净型煤、兰炭价格上涨、供给困难的状况。用户使用过程中觉得“难烧、火力小”，造成了重新使用散煤的“逆替代”现象。京津冀部分地区“禁煤区”的划立导致以往巨资补贴的推广炉具废弃，大量资金浪费，反映出政策连续的重要性。

二、清洁能源供暖

（一）电供暖

农村地区的电力网络建设已较为完善，电力供给充足可靠，然而电能在供暖用能中占比不足10%。相比于散煤燃烧供暖，电供暖能够明显降低污染排放，并能在用电低谷期起到调峰作用。电能替代具有清洁、便捷和高效的优势，合理利用过剩电量，市场潜力巨大。主要技术包括低温空气源热泵技术、蓄热式电供暖等。直热式电供暖设备用发热板或电阻丝直接加热，能耗多运行成本高，极易造成居民重新使用散煤情况的出现，所以原则上禁止使用直热式电供暖。

电供暖具有明显的政策支持优势。设备购买补贴力度大，施行峰谷电价和级差电价等。电量可以精确计量，与燃煤供暖费用接近。煤改电政策下，空气源热泵应用得到快速发展，2016年京津冀地区完成超过30×10^4户装机任务。电供暖技术作为新兴技术还有很大进步空间，如空气源热泵易受低温天气和结霜影响，蓄热式电供暖无法充分保证全天供热。

（二）生物质能取暖

生物质能供热主要包括生物质热电联产和生物质锅炉供热，布局灵活，适用范围广，适合城镇民用清洁供暖以及替代中小型工业燃煤燃油锅炉。我国农作物秸秆及农产品加工剩余物、林业剩余物等生物质资源丰富，每年可

供能源化利用约 4 t 吨标煤，发展生物质能供热具有较好的资源条件。

生物质能供热就地收集原料、就地加工转化、就近消费，构建城镇分布式清洁供热体系，既减少了农村秸秆露天焚烧，又提供清洁热力，带动生物质能转型升级。我国中小型燃煤供热锅炉数量较多，清洁替代任务较重。生物质能供热在终端消费环节直接替代燃煤，有较大的发展空间。

（三）其他清洁能源的利用

除电能和生物质能外，太阳能和地热等清洁能源量大易得，推广应用也十分广泛。农村能源使用意向调研表明，太阳房 + 太阳能集热器供暖是农户最愿接受的新能源形式。我国西北省份等地日照时间长，适宜太阳能开发使用，为了弥补单一技术措施在供暖过程中的不足，取长补短，太阳能 + 电、太阳能 + 燃气、太阳能 + 热泵等多种组合供暖技术被列为农村地区散煤替代供暖的重要举措。

三、建筑节能

建筑节能，在发达国家最初为减少建筑中能量的散失，现在则普通称为“提高建筑中的能源利用率”，在保证提高建筑舒适性的条件下，合理使用能源，不断提高能源利用效率。

建筑节能有利于中国经济快速稳定发展，中国是一个能耗大国，能耗消费总量排在世界第二，由于中国人口众多，能源资源相对缺乏，人均能源占有量仅为世界平均水平的 40%，中国的建筑能耗已占到全社会总能耗的 30% 左右，节约能源刻不容缓。

建筑节能有利于环境保护。通过建筑节能可以减少污染的排放量，减轻大气污染，保护生态环境和提高建筑热环境的质量。

建筑节能还有利于提高居住质量，降低住户的使用成本。随着中国经济快速稳定发展和人民生活水平的提高，追求舒适的居住环境成了人们的迫切需要，节能建筑由于采用了成套的节能技术措施，可以减少了围护结构的散热，提高了供热系统的热效率，既节约了能源，又降低了房屋的使用成本，使用者得到了实惠。

第三节 清洁供暖面临的形势

近年来各方面工作持续开展和完善。政策法规方面，出台了《民用煤燃烧污染综合治理技术指南》；针对优质清洁煤界定和质量标准缺乏，《商品煤质量管理暂行办法》开始实施；供暖炉具、空气源热泵等暖通设备、建筑节能等相关行业标准和国家标准得到制定和修订。随着各地政府推广和建设工作力度的不断加大，北方农村地区冬季清洁供暖工作取得了明显成效，空气质量出现很大好转。但推进过程中出现的很多问题也亟待解决，尤其 2017 年入冬以来大量煤改气用户燃气供应不足，无法及时实现供暖。各地方不得不重新使用燃煤作为燃料，浪费人力物力，相关部门公信力下降。

一、散煤燃烧大量存在，散煤治理“一刀切”

由于散煤使用分散，量大面广，治理和监管困难，压减散煤使用，在京津冀部分经济发达地区全面实行无煤化来实现清洁供暖毋庸置疑。但对于一些经济欠发达和清洁能源资源欠缺的地区全面禁煤，与能源情况现实不符而造成项目实施困难。考虑到清洁能源供应不足、清洁供暖成本问题和能源安全，煤炭清洁利用对节能减排也将发挥巨大作用，大范围散煤治理“一刀切”还有待商榷。

二、清洁供暖市场发展尚不成熟

当前我国清洁供暖技术尚未完全成熟，相关措施或多或少存在短处。大量清洁供暖工程建设推广，但清洁能源供应体系不完备。市场缺乏大型企业进入，小型企业缺乏技术创新，产品质量可靠度低。低价竞标，工程建设各个环节过多依赖政府财政补贴，不利于良好市场运营机制的建立。同时建设清洁供暖设施不等同于清洁能源供暖，建筑节能工作往往被忽视。

三、推广评估手段缺乏

在清洁供暖项目实施之前，相关部门对于设备和实施方案等都会进行反复论证以保证可靠性，但是项目完成之后默认为达到了清洁供暖的效果，缺乏后续运行效果的评估，忽视了项目推广的目的。工程运行过程中的问题不能及时发现，不仅不利于清洁供暖的持续发展，反而有可能加剧污染。

第三章　北方清洁取暖方式

第一节 电供暖

电供暖对当地电网容量要求较高。根据使用方式的不同，目前可用于农村的电供暖方式主要分为直接电供暖和蓄热式电供暖两种。

一、直接电供暖

直接电供暖的方式主要包括发热电缆、电热膜、碳纤维电暖器、电热油汀等，在前期的清洁取暖工作开展过程当中，有大量的用户采用这种方式。直接电供暖的取暖运行费用较高，远高于集中供暖所需的费用，对普通农户的经济负担较重。另一方面，直接电供暖的初投资很低，操作简单，使用寿命较长，能为一部分农户接受。

从能源的利用角度来看，我国目前的能源结构仍主要由燃煤火力发电产生，这种方式转换效率较低，通过直接电采暖设备又把电转换成热，大量的能源在这两次转换中被浪费掉，是典型的“高能低用”。

近两年的调查看到，北京地区只有少量农村用户使用了直接电供暖。许多农户因使用费用高，拆除了电供暖设备，重新改用燃煤来取暖。根据上述情况可以看出，直接电供暖难以在北京的农村地区大规模推广。

二、蓄热式电供暖

蓄热式电供暖利用夜间低谷电价阶段蓄热，日间放热以满足农户居住生活供暖需求。蓄热式电供暖可以有效降低农户的运行费用，在一定程度上也可以消纳谷电。

蓄能式电供暖还可以为农户提供一部分生活热水，使用较为方便。但在使用过程中发现，蓄能式电供暖设备在环境温度较低、房间面积较大时容易出现供热量不足的问题。而且从能源利用角度来看，蓄能式电供暖仍然是采用“电”这种高品位能源制取低品位的“热”。

第二节 生物质清洁供暖

一、生物质能特点

生物质能是继煤炭、石油和天然气之后的世界第四大能源，其应用广泛，且为可再生能源。从化学角度来看，生物质主要是由碳氢化合物组成，与煤炭和石油等的组成相同（煤和石油是生物质经过长期复杂的物理和化学变化形成的）。生物质的利用过程中同矿物燃料有很大的相似性，因此，借鉴其他常规能源的开发技术来对生物质能进行开发、利用是切实可行的。生物质燃料同化石燃料相比，具有低污染的特点。且生物质燃料燃烧时排放的二氧化碳几乎为零（排放的CO_2与植物生长时生成的氧气一起统计），可以有效减轻温室效应，这也是开发利用生物质能的主要优势之一。

生物质能是生物通过光合作用将太阳能转化为化学能而存储于生物质中的一种能量形式。生物质能储量颇丰，地球上所有动植物和微生物都有转化为生物质能的潜力。从广义角度来看，生物质能可以认为是一种太阳能，取之不尽，用之不竭。生物质能按照生成方式和来源主要可分为两大类:（1）源于工业、农业和生活而产生的废弃物，主要包括农业废弃秸秆、森林剩余物、生活垃圾、工业有机废水、废渣、畜禽粪便等;（2）潜在的人工培育生物质资源，包括能源林木和农作物等。生物质能是地球上唯一的可再生清洁能源，具有诸多优势空间，主要表现在储量丰富、清洁低碳和替代优势等。

产业是由利益密切联系、分工有所不同的具有同类属性的行业所构成的业态总称。随着社会生产能力的提升和分工的日益精细化，生物质产业在这样的背景下应运而生。生物质能具有较强的转化能力，以及开发和利用潜力。在我国，按照生物质能源转化形式和用途，生物质能产业可转化为生物质成型燃料、生物质能发电、生物质气体燃料和生物质液体燃料等多种形式。其中，生物质气体燃料可细分为沼气和生物质可燃气。生物质液体燃料可细化为生物乙醇、生物柴油和生物质裂解油等。就生物质能源产业的构成而言，虽然他们在具体的生产方式、经营形态、流通和消费等环节有所差异，但都围绕着生物质能作为经营对象而展开。

二、生物质炉技术

生物质锅炉主要形式包括热水锅炉、热风炉等。目前生物质锅炉的技术相对比较成熟，可应用于多种场景。其主要的利用方式如图 3–1 所示。

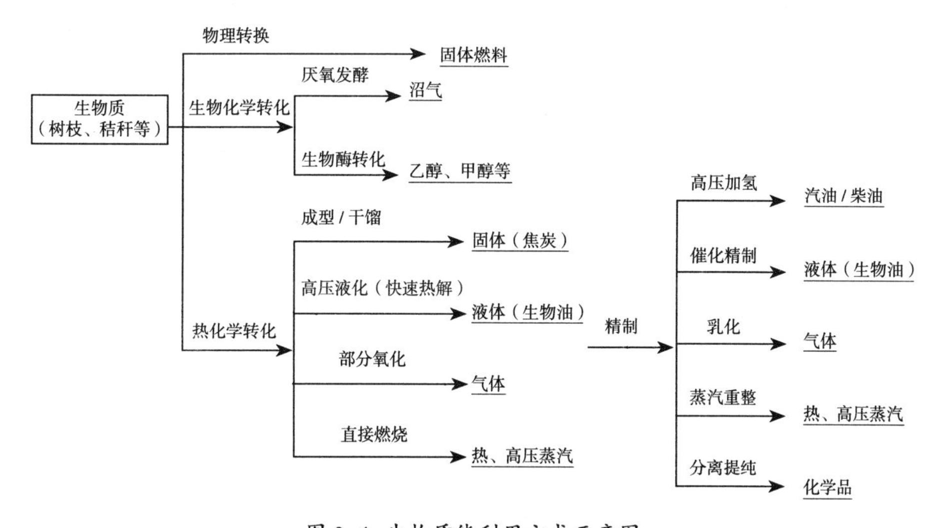

图 3–1　生物质能利用方式示意图

生物质锅炉优点在于其价格较低，在农村应用还可以提供一部分炊事用气。但从生物质能源的整体利用情况来看，部分农村地区的生物质资源并不丰富。此外，由于环保要求，许多地区明令规定禁止体量小、排放达不到环保标准要求的生物质锅炉。

第三节 燃气壁挂炉

燃气壁挂炉具有体积小、操作灵活、热效率高和环保节能的优点，适合居住相对分散的农村。燃气壁挂炉分户独立供暖相比其他供暖方式有一定优势:（1）安全性高，不受集中供热时间限制，使用和控制灵活方便，舒适性较好;（2）燃气壁挂炉在供暖的同时可当热水器使用，提供生活热水;（3）价格可以为农户所接受。典型的北京农村用户大约每日消耗 8 ～ 10 m^3 燃气，使用费用与集中供暖所交费用基本持平;（4）管理方便;（5）售后服务由生产厂家承担，安全可靠。

燃气壁挂炉分户供暖也存在一些问题:（1）燃气壁挂炉为保证水质不被污染，供暖水和生活热水是相互独立的。北方农村地区供暖期比较长，供暖和生活热水温度相对比较低，但一些用户喜欢大流量高温水洗浴，因此往往在燃气壁挂炉热水出口处加装阀门，减少出水流量来提高出水温度，从而导致生活热水流量不足;（2）我国目前多数地区使用天然气价格远高于燃煤，对于农村用户仍有一定的经济负担;（3）农村居住多为单独的小院，家庭引入天然气的工程量较高层楼更大，天然气锅炉的价格相比燃煤锅炉更高，大约是 3 倍左右;（4）燃气在冬季供暖高峰时期可能出现供应不足的情况。

第四节 空气源热泵

空气源热泵是以室外环境空气作为冷热源，向建筑提供冷热量。空气源热泵在北京农村地区清洁取暖工作推进过程当中有着广泛的应用，它的主要优点如下：（1）高效节能，它能有效地利用空气中的低品位热能从而达到节能的目的，并且随着近年来技术的发展，空气源热泵的性能获得了极大的提升；（2）冬夏共用，设备利用率高；（3）空气源热泵无需冷却水系统，安装方便，对建筑的整体外观破坏小，设备维护简单；（4）工作过程中无有害气体的排放，安全可靠。

空气源热泵供暖主要存在的问题是在低环境温度下启动困难，并产生供热量不足的情况，取暖舒适度不高，甚至在更低的环境温度下机组无法正常工作。出现这种问题的主要原因是：（1）室外环境温度较低时，房间所需热量较大，空气源热泵制热量不足；（2）在低温环境下，空气源热泵的可靠性随着环境温度的降低而降低；（3）低温环境条件下，空气源热泵的能效比急速下降。

为解决以上问题，研究机构联合企业专门开发了适用于严寒、寒冷地区的低环境温度空气源热泵。低环境温度空气源热泵能够在环境温度低于 –25 ℃时启动，从而满足了北方农村地区的使用条件，运行效果良好。在北京农村地区推广使用的低环境温度空气源热泵包括热风机和热水机两种类型。

低环境温度空气源热泵热风机能在低温环境启动，不需要电辅助加热；可以实现局部时间、局部空间快速启停，房间供暖升温快；安装简单、使用方便；与其他类型供暖设备相比，运行费用更节省等。相比于低环境温度空气源热泵热风机而言，低环境温度空气源热泵热水机的价格较高。

第五节 太阳能供暖

根据太阳能集热系统、蓄热能力、末端供热供暖系统和系统运行方式的不同可以分为各种不同类型的形式，详见图 3-2。

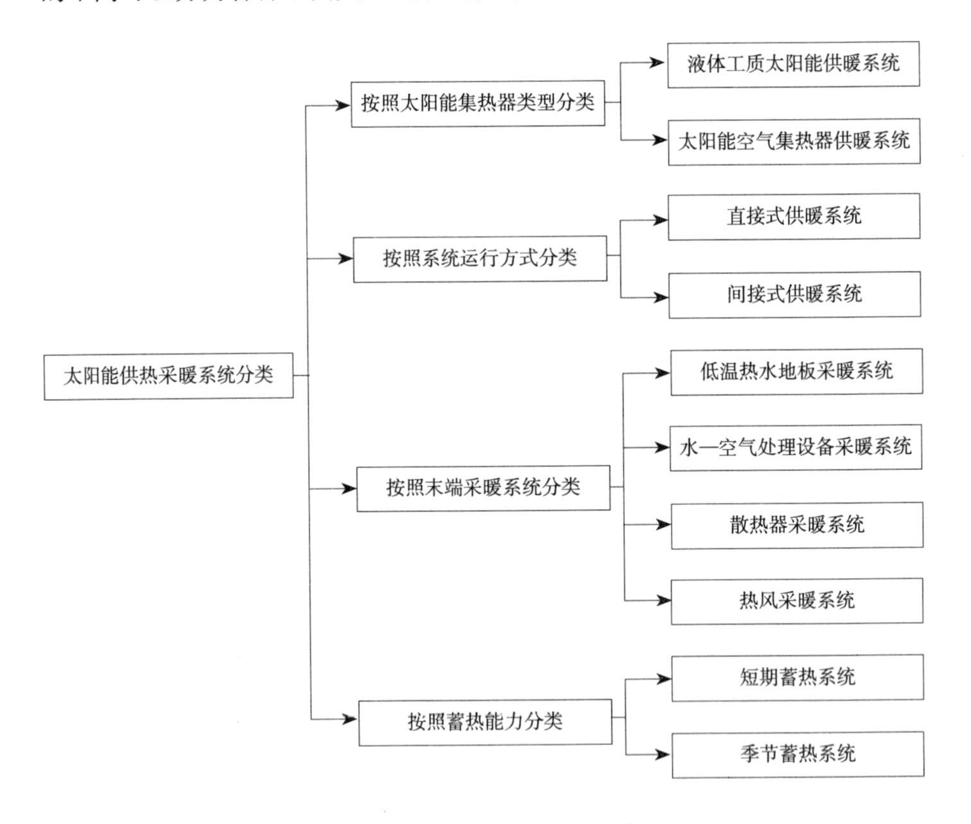

图 3-2 太阳能供暖系统的分类

在常规太阳能供暖系统中，太阳能集热器与辅助热源采用并联的形式，其中辅助热源可以是电加热设备、空气源热泵等，在集热系统供热能力能满足需求的条件下，可以优先利用太阳能供暖；当集热系统供热能力不足时，可以利用白天太阳能贮存在水箱中的热量进行供暖；在蓄热量也无法满足供暖需求时，则开启辅助热源系统。

太阳能供暖系统由于缺少专业的运行维护人员，在非供暖期时太阳能集热系统易出现过热的情况，实际使用效果并不好。此外，太阳能热水供暖系统由于组成部件多，初始投资高，对于农民来说成本过高，在农村地区推广较为困难。

第六节 多能源耦合供暖系统

近年来，为了提升能源的利用效率，一些高校和科研机构进行了大量的多能源系统供暖的实验。

邹瑜等在某示范工程中使用太阳能和地源热泵的复合采暖技术，该系统以地源热泵为主要热源，太阳能作为辅助热源，运行效果良好；冯晓梅等通过分别建立起并联式和串联式太阳能－地源热泵系统，对比了两种系统运行方式的效果，结果显示太阳能和地源热泵系统运行费用较低；王磊等在太阳能资源较好的西藏地区优化了太阳能与水源热泵联合供暖系统。罗会龙等分析了空气源热泵系统和太阳能系统耦合的优缺点，并通过系统合理的配置提高了系统的太阳能保证率，其太阳能保证率可以提高到 80% 以上。

根据不同学者的研究可以发现，多能源耦合供暖系统的能源利用效率较高，运行费用低，但组成的设备较多，运行控制较为复杂，初始投资较大，目前还没有条件在农村地区大规模应用。

第四章　北方清洁取暖的成本对比分析

第一节 北方清洁能源主要技术

截至2018年底，京津冀及周边地区、汾渭平原共完成清洁取暖改造1372.65万户。从所采用的技术方案看，试点城市采用的清洁热源替代方式以“煤改气”“煤改电”为主，其他形式如“煤改热”“煤改生物质”等仅有少量试点。

这里将北方农村地区目前所涉及的主流清洁取暖技术方案分为燃烧型、电驱动型和多系统耦合型三种类型，其中燃烧型取暖系统包括燃气热水锅炉（俗称天然气壁挂炉）、生物质颗粒燃料取暖炉；电驱动型取暖系统包括蓄热式电暖气、低温空气源热泵热水机和低温空气源热泵热风机；多系统耦合型包括太阳能集热器+低温空气源热泵热水机。下面分别对这几种系统的工作原理做一简单介绍。

一、天然气壁挂炉

该系统利用商品化天然气壁挂炉设备通过燃烧外网供应的天然气来加热循环介质（一般是水）并将其输送至散热末端进行取暖。天然气壁挂炉多安装在厨房，烟囱连通室外以排放燃烧所产生的烟气，散热末端一般采用农宅既有的或改造后的散热器或辐射地板。通常农村地区没有既有的天然气输送管网，需要重新铺设室外天然气干管和引至农户室内的支管，气源有管道天然气和撬装式液化天然气（LNG）两类。

二、生物质颗粒燃料取暖炉

该系统采用燃烧生物质颗粒燃料（是指把不规则的农林剩余物经过处理加工成密实且尺寸较为一致的颗粒状成型燃料）的炉具加热循环热水并将其输送至散热末端进行取暖。生物质颗粒燃料取暖炉需安装在厨房或

其他无人员长期逗留的单独房间内，配置单独与室外相连的烟囱以排放燃烧所产生的烟气；散热末端可采用农宅既有的或改造后的散热器或辐射地板；生物质颗粒燃料可于每年取暖季开始前一次性购买后存储在农户室内，炉具使用时需要做到每天及时加料和清灰。

三、蓄热式电暖气

该系统利用电阻元件直接将电能转化成热能进行取暖，其中配有一定量的耐火砖、铁块等重质材料蓄存夜间谷电所产生的热量，待到白天进行放热。如果所配置的重质材料量不足，将导致设备蓄热能力受限。由于其将建筑物全天的取暖需热量压缩到夜间时段获取，因而所需的电加热功率基本会翻倍，对配电容量的要求更高。

四、低温空气源热泵热水机

该系统采用电能驱动，利用逆卡诺循环原理吸取室外空气中的热量连同电能转化的热量，通过冷媒循环不断加热热水输送至室内散热末端进行循环取暖，末端可采用散热器或地板辐射管等。低温空气源热泵与家用空调器的基本原理相同，但它是以冬季取暖为主要目的进行设计的，可以实现较低室外气温下的良好制热并有效解决了普通空调器冬季结霜严重的问题。低温空气源热泵整个取暖季的平均能效可达 2 以上，但对电力稳定性有一定要求。系统包括室内机和室外机，两者通过冷媒铜管相连，室内机与取暖末端通过水管相连。另外，低温空气源热泵在低出水温度下能效较高，其作为低温热源（一般出水温度最高可达 50 ℃以上，经济性运行温度约 40 ℃，运行温差约 5 ℃）直接匹配既有的地板辐射管或落地式风盘可取得较好的取暖效果。对于既有的老式散热器，需要进行增加散热末端、输送管道以及水泵等的技术改造。

五、低温空气源热泵热风机

该系统采用电能驱动，利用逆卡诺循环原理吸取室外空气中的热量连同电转化的热量通过冷媒循环直接加热室内空气循环取暖。空气源热泵热风机室外机需安装在通风良好的室外，室内机落地安装在散热良好的取暖房间。空气源热泵热风机在华北地区冬季气候条件下的能效比可达 2.5 以上，且启停方便、升温快，可实现夏季供冷，不需要额外末端，具有按需灵活配置的特点，就像安装单体壁挂空调器那样简单，不需要穿墙打洞敷设循环水系统。

六、太阳能集热器 + 低温空气源热泵热水机耦合系统

采用太阳能真空管加热热水输送至室内循环取暖，不足部分由低温空气源热泵热水机补充，末端可采用散热器或地板辐射供暖。由于太阳能的不稳定性且夜间无法使用，空气源热泵热水机需满负荷匹配。

第二节 研究方法

一、调研与实测

这里采用实地调研、现场示范和测试、数值模拟相结合的研究方法，通过将各种技术方案在实际农宅中进行示范和测试，获取真实的农宅基础参数、初始投资和运行数据等，所要对比分析的6种技术方案实际示范户的基本情况如下。

（一）方案1：示范户位于北京市大兴区农村

北向墙体采用50 mm挤塑聚苯板保温，外窗采用双层玻璃塑钢窗，取暖热源为1台22 kW燃气壁挂炉，以低温辐射地板作为供暖末端，整个取暖季天然气消耗总量约为1391 m^3（不含炊事与生活热水的燃气消耗）。

（二）方案2：示范户位于山东省济南市农村

无保温，取暖热源为1台15 kW生物质颗粒燃料取暖炉，以暖气片作为供暖末端，整个取暖季消耗花生壳颗粒燃料2175 kg。

（三）方案3：示范户位于北京市海淀区农村

取暖热源为蓄热式电暖气，设备总功率为18 kW，农宅除南墙以外的其他外墙都做了50 mm聚氨酯泡沫板外保温，外窗采用双层玻璃塑钢窗。整个取暖季共耗电4081.2 kWh，其中包含平段用电2267.8 kWh和谷段用电1813.4 kWh。

（四）方案4：示范户位于北京市密云区农村

取暖热源为低温空气源热泵热水机，以低温辐射地板作为供暖末端。该建筑为节能65%的新建小高层居民楼，整个取暖季总电耗为3700 kWh。

（五）方案 5：示范户位于北京市房山区农村

无保温，其主卧和客厅各安装 1 台采用准双级压缩机的壁挂式低温空气源热泵热风机，设备运行期间禁用电辅热功能，整个取暖季总电耗为 747 kWh。

（六）方案 6：示范户位于北京市平谷区农村

墙体采用 50 mm 挤塑聚苯板保温，外窗采用双层玻璃塑钢窗，取暖系统为太阳能热水集热系统和 4 kW 直流变频低温空气源热泵热水机（辅助），室内末端采用低温辐射地板，整个取暖季太阳能热水循环泵耗电约 151 kWh，低温空气源热泵热水系统耗电 6104 kWh。

上述六种不同取暖方案示范户的运行情况如表 4–1 所示。

表 4–1　六种技术方案示范户的取暖费用

方案	取暖面积/m²	平均室温/℃	取暖设备能效	运行费用/（元/a）	单位面积运行费/（元/m²·a⁻¹）
方案1	118	20	85.2%	4006	34.0
方案2	119	16.9	81.6%	1196	10.1
方案3	100	20	99%	1290	12.9
方案4	90	16	0 ℃时COP=2.5；–10 ℃时COP=2.0	1806	20.1
方案5	42	19	–5 ℃时COP=3.2；–20 ℃时COP=2.0	365.8	8.7
方案6	228	21	太阳能光热系统热效率约40%，辅热系统空气源热泵的COP与方案4类似	3065	13.4

二、模拟评价

（一）评价方法

由于农宅取暖的热负荷需求受到室外温度、室内温度、围护结构热性能、室内层高、取暖面积、换气次数、系统运行时长、农户使用模式等多种因素的影响，在实际中很难找到两个或两个以上在这些方面都具有完

全相同条件的农宅，所以无法对多种取暖设备的实际能耗情况进行直接对比，故又进一步采用动态模拟的方法将所有设备折算到典型农宅的统一工况下进行对比分析，具体流程如图 4–1 所示。首先对典型农宅进行能耗模拟得到基础取暖负荷，然后根据不同类型取暖设备的热效率计算得到运行能耗，由此得到所对应的运行费和污染物排放量；再结合取暖系统的初始投资，可以计算得到系统的费用年值。

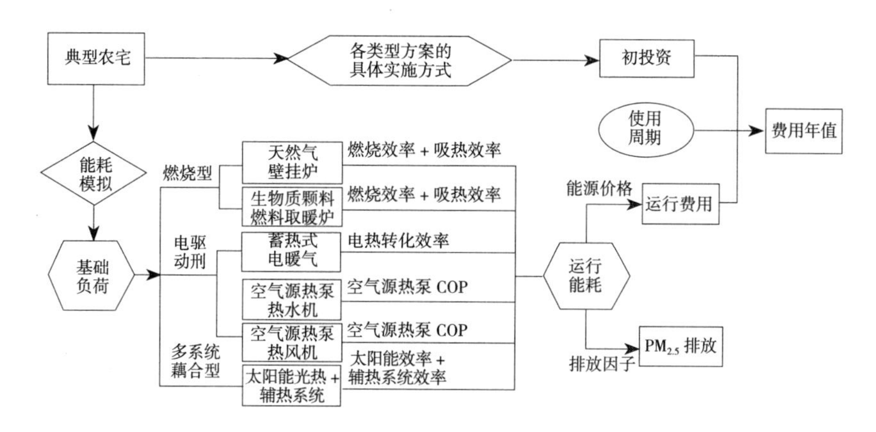

图 4–1 典型农宅不同取暖方式的评价流程

（二）典型农宅模型

该典型农宅模型如图 4–2 所示。由于厨房一般位于配房且不取暖，故未体现在典型农宅平面图中。该典型农宅坐北朝南，每户含 3 间房，客厅位于中间，东、西侧为卧室，取暖总面积为 80 m^2，外墙材料为 20 mm 水泥砂浆 +370 mm 实心黏土砖墙，门窗为塑钢材料，屋顶为灰泥坡屋顶。

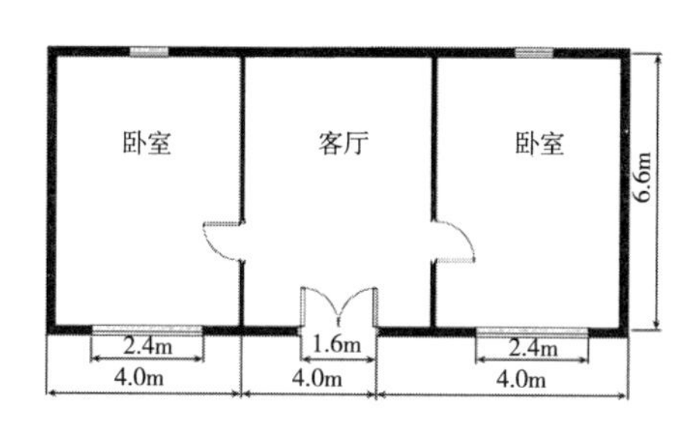

图 4–2 典型农宅平面图

农宅所处地区为以北京为代表的寒冷地区，取暖时间为 11 月 15 日至来年 3 月 15 日，农宅室内温度设定为全天保持 16 ℃，最终模拟结果为整个取暖季的平均热负荷为 23.53 W/m^2，一个取暖季累计耗热量为 6040.4 kWh，约合 2.17×10^4 MJ。

三、费用年值法

在进行不同技术方案的经济性比较时，一般需要考虑设备初始投资和年运行费两部分。初始投资和运行费是两项性质不同的费用，因此不能将两者的费用简单相加来计算技术方案费用。这里采用费用年值法将参与比较的各个技术方案的初始投资折算成与年运行费相类似的费用，然后再与运行费相加得到费用年值。取暖系统初始投资折算年值（C）为系统中全部取暖（或末端）设备寿命周期内折算年值之和，利用下式计算。

$$C=\sum_{\mathrm{j}=1}^{n}\frac{i(1+i)m_{\mathrm{j}}}{(1+i)m_{\mathrm{j}}-1}K_{\mathrm{j}}+C_0 \qquad (4.1)$$

式中，n 为供暖系统中供暖（或末端）设备的数量；i 为基准折现率，$i=(u-f)/(1+f)$，其中 u 为银行 5 年以上利率（对公用设施取投资利息，对住户自购的设备取储蓄利息），f 为通货膨胀率；m 为供暖（或末端）设备 j 的使用寿命，综合考虑各设备使用寿命情况，这里 m 取为 10 年；K 为供暖（或末端）设备 j 的初始投资，C 为取暖系统的年运行费。

根据典型农宅的热负荷进行设备选型，设备仅热源部分的初始投资、年运行费用及折算费用年值见表 4–2。

表 4–2　设备热源部分的初始投资、年运行费用及折算费用年值

方案	初始投资/元	系统投资折算年值/（元/m^2）	年运行费用/（元/m^2）	折算费用年值/（元/m^2）
方案1	17 600	17.0	25.3	42.3
方案2	5 500	5.3	12.7	18.0
方案3	13 380	12.9	26.4	39.3
方案4	16 500	15.9	14.9	40.8
方案5	11 000	10.6	12.3	22.9
方案7	43 680	42.1	14.3	56.4

第三节 结果对比分析

一、经济性

针对上述 80 m^2 的典型农宅，采用 6 种取暖方案的系统初始投资折算年值、年运行费用与折算费用年值对比如表 4–2 所示。单纯从经济性分析 6 种方案如下。

（1）天然气壁挂炉除了设备初始投资之外，还需要配套管网及“开口费”（部分地区不收取或部分收取），且运行费偏高，经济性较差，需要政府长期的运行补贴，故在一般地区不适合大规模推广利用。

（2）生物质颗粒取暖炉的初投资和运行费都较低，折算的费用年值最低，在具有相对丰富的秸秆或树枝等资源的北方地区，可作为农村清洁取暖大规模推广应用的主要技术方案之一。

（3）蓄热式电暖气初始投资较低，运行费用高，年费中等，但需要配备相当高的电容量，即使小规模的推广也需要电力扩容，不宜直接推广，取暖需求较弱地区的用户可根据需求自行购买。

（4）低温空气源热泵热水机初始投资较高，且需要较大的电网容量，但运行费相对较低，可在政府补贴部分初始投资的情况下，在经济条件较好的农户中推广应用。

（5）低温空气源热泵热风机的初始投资和运行费都较低，但需要当地电网有一定的容量，在具有相对丰富电力资源的北方地区，应作为农村清洁取暖大规模推广应用的主要技术方案之一。

（6）太阳能热水系统 + 热水型低温空气源热泵初投资很高，超出了农户的承受范围，虽然年运行费相对较低，整体费用年值还是最高的。但考虑到太阳能资源的可再生性及其未来的发展空间，建议作为技术方案储备，在政府补贴下进行试点性应用。

三、适宜性分析

（一）农村与城市取暖的差异性

我国农村地区的建筑形式、人口构成以及固有的生活方式、人员活动类型、资源特性、人员经济行为等都决定了农村人口与集中的城市人口不同的建筑使用模式、行为模式、室内热环境和技术适宜性需求。目前北方城市住宅的冬季供暖设计温度是 18 ℃，但大多数居民期望的舒适室温都在 20 ℃甚至更高，这种温度要求和城镇居民每天进出室内次数少、进出房间的同时需要更换服装是一致的。而农村居民由于生产与生活习惯等原因，人们连续长时间待在同一个房间的概率较低，会频繁进出房间，若每次出入房间都更换衣服将会给农户的生活带来极大的不便。所以，农户的衣着水平应以室外短期活动不会感到冷作为标准。大量调研结果显示，多数北方农民认为冬季室内外温差不能过大，农村居民冬季在室内的衣装量大于城市居民冬季在室内的衣装量，起居室和卧室平均温度比城市的低 4 ～ 6 ℃，而且允许昼夜的室内温度有较大波动：夜间睡眠时维持在约 10 ℃即可，日间静坐时约 16 ℃。农村用户在建筑物的使用上也并非所有房间均有取暖需求，体现出与取暖方式相匹配的较为节俭的功能空间使用模式。例如冬季将活动空间集中在一到两个房间来合并房间功能，使客厅兼具餐厅功能、卧室兼具客厅功能等，以便更加有利于节能。因此，农村清洁取暖技术能否在保证效率高、经济性好、污染排放低等性能的基本前提下，更好地满足上述“部分空间、部分时间”的使用需求，将是决定其能否在农村地区实现大规模应用的关键。

（二）不同技术方案适宜性分析

低温空气源热泵热风机设备自身即是取暖系统，可以迅速提高房间气温，直接加热房间空气，不需要加装散热器、地暖等末端设施而使室温升高，不会出现热水热泵取暖工程中的跑冒滴漏等问题，且户内多台热泵热

风机均可按单间独立控制、独立运行，更加适用于非连续取暖场合；即时启停的特性更容易匹配农户部分空间和部分时间的使用需求，可凸显行为节能的优势，在节能和减排方面具有很大潜力；而且通过室内末端落地化和上下出热口的气流组织优化设计，可以为农户提供类似地板采暖的舒适性和风机盘管的快速升温性。

生物质颗粒取暖炉在将生物质尤其是秸秆、树枝等作为燃料消纳的同时，一方面可以取代散煤，另一方面可以进一步减少秸秆、树枝野外堆存占地、焚烧所带来的大量污染，而且生物质能还可以解决取暖之外的炊事与生活热水需求，符合农户的传统使用习惯，适合农林生物质资源丰富的大部分地区规模化应用。

燃气壁挂炉可满足取暖、炊事以及生活用热水需求且操作简单，但由于大部分农村区域用户分散、距离气源远且用量有限，同时存在较多的安全隐患，其适用于气源充足、用户相对集中的城市近郊地区整村推进。

蓄热式电暖气适合于电力特别充裕、有明显峰谷电价且实际取暖时间偏短的用户。

空气源热泵热水机组适用于当地电力资源充裕稳定且经济实力雄厚的地区，如北京市由于财政补贴力度大，且进行了整体的电网升级和农宅围护结构保温改造，因此主要以空气源热泵热水机组为主且取暖效果良好。

太阳能光热＋空气源热泵辅助系统适合在太阳能资源丰富、太阳能取暖保证率较高的地区应用。

利用现场实测和数值模拟等方法，对北方地区常见的 6 种农村清洁取暖技术方案的经济性、减排性和适宜性等进行了深入分析，得出如下结论。

（1）不同清洁取暖方案在经济性方面差别较大。综合考量初始投资和运行费用的费用年值法评估结果，生物质颗粒取暖炉及低温空气源热泵热风机在经济性上具有明显优势。再综合考虑两者在农村地区的适宜性，在北方农村地区有较为广泛的适用性和可持续性。

（2）低温空气源热泵热水机初始投资较高，且需要较大的电网容量，但运行费相对较低。在政府补贴部分初始投资的情况下，适合在经济条件较好的农户中推广应用。

（3）天然气壁挂炉除了设备初始投资之外，还需要配套管网及“开口费”，且运行费用偏高，经济性较差，需要政府长期的运行补贴，适用于气源充足且经济条件好的相对集中居住的城市近郊地区。

（4）蓄热式电暖气对电力要求高，运行经济性差，且储热调节能力弱，在局部电力充足且价格较低的地区，或少量非长期取暖的用户可以使用，不宜大面积使用。

（5）太阳能热水系统 + 热水型低温空气源热泵初期投资很高，超出了农户的承受范围，虽然年运行费相对较低，整体费用年均额还是最高的，但考虑到太阳能资源的可再生性以及其未来的发展空间，现阶段建议作为技术方案储备，在政府补贴下进行试点性应用。

综上所述，农村清洁取暖技术路径的制定、节能技术的开发及室内热环境的改善不能沿袭“城镇路线”，需要另辟蹊径，在充分考虑地区发展水平、空气质量要求、群众取暖需求、能源供应条件和潜力等基础上走出一条符合我国农村实际的可持续发展之路。

第五章 生物质秸秆利用分析

第一节 生物质能利用分析

一、生物质能的利用情况

我国生物质能利用最广泛的主要有生物质能发电、生物质成型燃料、生物质液化燃料、生物质沼气等几种方式。

（一）生物质能发电

生物质能发电是国内外生物质能中应用最为广泛的技术之一，该项技术不仅可以利用生物质直接燃烧进行发电，而且也可以通过生物质的气化来进行发电，在一些发达国家生物质能发电所占的比例占到了可再生能源发电的70%。

（二）生物液体燃料

生物液体燃料的主要代表为燃料乙醇，我国的燃料乙醇技术始于20世纪90年代，主要利用我国丰富的甘蔗、玉米秸秆及林木等原料生产乙醇，在短短的几年时间内我国乙醇燃料的生产能力已经跃居世界第三，仅次于美国和巴西。近几年，我国培育了一批抗逆性强、高产的能源作物新品种，木薯乙醇生产技术得到较快发展，甜高粱乙醇技术也获得一定突破，纤维素乙醇技术的研发也取得很大的进展，建成了若干小规模试验装置。另外，生物质还可以制作生物柴油来替代化石燃料等，以减少生态破坏和环境污染。生物质液体燃料正在迈向规模化发展。

（三）生物质可以发酵成沼气

沼气技术是我国生物质能最早开发利用的技术，近年来，沼气技术已经在照明取暖、堆肥制作、污水处理、垃圾处理和农作物秸秆利用等方面广泛应用。目前，该技术也是我国生物质能应用领域最广泛的技术之一，农村沼气技术不断成熟，产业体系逐步健全，许多地方建立了物业化管理沼气服务体系。生物质气化集中供气技术和工艺不断改进，目前已建成使用的生物质集中供气项目约 1000 个。

（四）生物质成型燃料

我国最早的生物质燃料利用方式为直接燃烧，在燃烧的过程中，能量利用率不足 15%，不仅极大地浪费资源而且产生严重的环境污染。进入 21 世纪后，国家加大了对生物质固定成型的投入，使固体成型技术日趋完善。

二、生物质能发电概述

（一）生物质能发电的含义

生物质能发电是可再生能源发电的一种，主要利用农业、林业、城市垃圾等生物质原料进行发电。生物质能发电具有电能质量高、可靠性强、技术成熟、清洁环保等优点。目前，在欧美等发达国家，生物质能发电技术发展较快，技术相对比较成熟，已经逐步替代了一些传统的供电和供热方式。

（二）生物质能发电的分类

由于生产技术的不同，生物质能发电主要包括：生物质直接燃烧发电、气化发电、沼气发电以及与煤混合燃烧发电等几种。

1. 直接燃烧发电技术

生物质直接燃烧发电是利用生物质燃料在锅炉中直接燃烧产生的蒸汽带动发电机进行发电。流化床和固化床燃烧是生物质直燃发电技术的两种主要方式。流化床燃烧需要对大块的生物质燃料进行处理，以得到易于燃烧的燃料颗粒，其燃烧效率和强度明显高于固化床。固化床对生物质燃料的处理的要求则较低，对生物质燃料进行简单的处理就可投入锅炉中进行燃烧，但使用该种方式时燃料利用率不高。

2. 气化发电技术

生物质气化发电主要是应用相关技术将生物质固体燃料转化为气体燃料后进行发电，主要包括直接气化发电和联合循环气化发电两种方式。直接气化发电对生物质燃气热值的要求较低，其内燃机一般由柴油机或天然气机改造而成；燃气轮机适用于高杂质、低热值且规模大的生物质燃气。联合循环气化发电技术是由蒸汽轮机发电和燃气轮机发电叠加到一起进行联合循环发电的装置，其效率比传统的直接气化发电的效率要高很多。

3. 沼气发电技术

沼气发电的主要原理是利用生活中的有机废弃物经过厌氧菌发酵而获得沼气，继而用沼气作为燃料来驱动发电机组发电。沼气发电同燃油和燃煤发电不同，他更多地适用于中小功率的发电动力设备，厌氧发酵技术和沼液沼渣综合利用技术是我国沼气发电的关键技术壁垒。

4. 混合燃烧发电技术

混合燃烧发电是指将生物质和煤两种原料混合后进行发电，该方式对生物质燃料预处理的要求较高。混合燃烧发电主要包括直接混合燃烧发电和间接混合燃烧发电两种方式。在技术方面，混合燃烧发电一般是对现有的燃煤电厂增加存储和加工生物质燃料的设备和系统，另外为满足发电的需要，还会对原有的锅炉燃烧系统进行适当的改造。

5. 垃圾发电

垃圾发电技术则是利用垃圾在锅炉中焚烧而释放的热量加热，以获得过热蒸汽推动汽轮机带动发电机发电的过程。目前被认为最有发展前景的垃圾发电技术主要包括两个过程，即垃圾在 450 ～ 640 ℃的高温下气化和含炭灰渣在 1300 ℃以上的熔融燃烧两个过程对垃圾进行彻底处理、清洁，并收回部分可以利用的资源。

（三）推进生物质发电行业发展的意义

1. 生物质能发电可以缓解我国的能源短缺危机，提高清洁能源比例

我国一次性能源储量较少，其中煤炭储量约为世界的 1/10，石油储量

约为世界的 1/40，天然气的储量更少。而我国是人口大国，相比之下，我国人均占有一次能源量相当低。因一次能源短缺，各国都对可再生能源进行了大量研究，如生物质能、太阳能和风能等。我国生物质能储量丰富，据统计，我国可开发的生物质资源总量折合标准煤可达到 5×10^8 t 左右。如有效利用该部分生物质能，可解决我国 20% 的能源消耗问题，在一定程度上能有效缓解我国的能源短缺问题，同时对构建清洁、环保的能源供应体系有着积极的作用。

2. 生物质能发电可以改善农村环境

随着农村经济的发展，农业秸秆及废弃物带来的环境污染问题也日益凸显，秸秆被任意丢弃和焚烧产生了较为严重的环境污染，生物质能发电产业的发展可以有效利用秸秆燃料，减少秸秆的任意焚烧、丢弃等现象，改善城乡环境。如有效利用生物质燃料进行发电，每年可以减少 CO_2 排放近 3×10^8 t，以及氮氧化物、硫化物气体和烟尘排放量几千万吨。因此，发展生物质能发电产业对改善环境有着重要作用，有利于环境友好型社会的建设。

3. 发展生物质能发电产业可以增加农民收入

造肥还田和家庭燃灶是秸秆的传统利用模式，该模式下秸秆的利用率较低，其余秸秆资源大都闲置或丢弃，造成资源的极大浪费。生物质能发电产业的兴起，将对废弃的秸秆进行收购，增加了农民的收入。另外，电厂的建设也会为当地村民提供一定的就业机会，间接提高当地经济发展水平，增加农民收入。

4. 推进生物质能发电行业的发展也是走可持续发展道路的具体体现

将废弃的秸秆资源收集起来进行发电，是一个变废为宝的过程，对发展循环经济有着重要作用。生物质能发电能够利用闲置的农业废弃物或秸秆资源，获得绿色电力，并将燃料燃烧后剩下的灰分作为钾肥返田，是一个变废为宝的良性循环过程。

第二节 生物质秸秆资源

一、农作物秸秆资源情况

我国是农业大国，秸秆资源十分丰富。秸秆是指农作物收获后的剩余部分，广义上也包括农产品加工后的副产品。农作物秸秆按照来源不同可划分为六类：（1）禾本科作物秸秆，包括稻草、小麦秸、玉米秸、大麦秸、燕麦秸、黑麦秸、高粱秸及薯类藤蔓等；（2）豆类茎秆，包括黄豆秸、蚕豆秸、豌豆秸、红豆秸、羽扇豆秸以及花生秸等；（3）亚热带植物副产品，包括甘蔗渣、西沙尔麻渣、香蕉秆和叶等；（4）果蔬类剩余物，包括柑橘渣、菠萝废弃物和蔬菜剩余茎叶等；（5）油籽类副产物，包括豆粕、菜粕、棉籽饼粕和向日葵饼等；（6）农作物加工副产品，包括各种麦类的糠麸，各种水稻的谷壳和米糠等。其中，前两类的秸秆数量占据主要部分，是重要的可再生生物资源。

我国大部分的秸秆资源集中在山东、福建、河南、四川、河北、黑龙江、江苏、吉林、湖北等粮食主产区。虽然农作物秸秆的年产量巨大，但由于秸秆存储难度大、技术和装备水平不高、新技术应用规模较小，尤其是适宜农户分散经营的小型化、实用化技术缺乏，各项技术之间集成组合不够，秸秆综合利用存在利用率低、产业链短和产业布局不合理等问题。农作物秸秆是可再生资源，是地球上最充足却又未得到充分利用的可再生资源之一，世界上许多国家已经将其作为21世纪发展可再生能源的战略重点和极具发展潜力的战略性产业。

二、农作物秸秆利用价值与现状

我国农作物秸秆资源拥有量居世界首位，剩余的农作物秸秆被废弃于

田间地头、场院房头，不仅占压了大量的土地，影响了农村环境卫生，还成为农村火灾的一大隐患。近年来，随着农村经济的发展和农民生活水平的不断提高，这些农作物秸秆不再作为炊事的主要燃料，部分农民为了抢收抢种则把这些剩余秸秆在田间直接焚烧处理掉。大量剩余秸秆的露天焚烧不但造成极大的资源浪费，而且带来严重的大气污染，甚至影响飞机的正常起降和汽车行驶的安全，并频繁引发火灾和交通事故。

实际上，农作物秸秆资源是个天然宝库优质饲料、清洁能源、工业原料……甚至有人大声疾呼：烧秸秆就是烧钞票。根据试验分析，农作物秸秆中含有大量可利用的化学成分和丰富的营养元素。秸秆总能量基本和玉米籽粒的总能量相当，秸秆燃烧值约为标准煤的50%，而秸秆中蛋白质含量约为1.2%–13.5%，纤维素含量在30%左右，还含有一定量的钙、磷等矿物质，1 t普通秸秆的营养价值平均与0.25 t粮食的营养价值相当。我国每年生产的农作物秸秆如果全部用来燃烧，可折合约3亿吨标准煤的热值；如果全部用作饲料，折算相当于1.5亿吨的粮食产量，并且经过科学处理后，秸秆的营养价值还可大幅度提高。

农作物秸秆的主要利用价值包含以下几个方面。

（一）秸秆的肥料价值

农作物秸秆中含有大量的有机质、氮、磷、钾和微量元素，是农业生产重要的有机肥源之一，通过一定的技术措施还施到农田，可有效补充和平衡土壤养分、改善土壤结构、减少土壤容重、增加土壤的透水和透气性、提高土壤的蓄水保墒能力。此外，增施秸秆有机肥，可以使土壤的团粒结构发生变化，保持土壤疏松的状态，促进土地生产良性循环，提高耕地基础地力，有效缓解土壤板结问题，对保障粮食高产稳产、促进农业的可持续发展具有十分重要的现实意义。而利用农作物秸秆生产以秸秆为主要成分的生物肥料，其肥效更高，并且是无公害农业的重要肥料源。随着现代农业不断向规模化和机械化方向发展，采用大型收割机或大马力配备的秸秆还田机械在田地里直接将秸秆粉碎，然后采用深耕犁将秸秆埋在土壤深处，成为近年来为解决剩余秸秆利用问题而大力推广的技术措施。其特点是机械化程度高，处理时间短，但腐烂时间长。

（二）秸秆的饲料价值

秸秆的营养价值相当于谷物的1/4，具有较高的饲用价值。随着我国畜牧业的快速发展，饲料需求不断增加，加剧了畜牧业对粮食饲料的依赖性。采用合理的加工手段，将秸秆转化为饲料，用于饲喂家畜，不仅可有效缓解“人畜争粮”的局面，而且还可实现对秸秆资源的循环利用。秸秆既可作为饲料直接饲养家畜，也可经过加工处理转化为具有较高营养价值的饲料投喂牲畜。

（三）秸秆的能源价值

农作物秸秆纤维中的碳占绝大部分，主要粮食作物小麦、玉米等秸秆的含碳量约为40%。秸秆中的碳使秸秆具有燃料价值，我国农村长期用秸秆做生活燃料。纤维素、木质素含量与热值呈正相关，因此秸秆的纤维素、木质素含量越多，热值就越高。据测算，每2 t秸秆的热值相当于1 t标准煤，是一种很好的清洁可再生能源。而秸秆在微生物的作用下，经厌氧发酵产生沼气，供农村家庭取暖、做饭等生活所需，不仅可缓解农村地区能源供应不足的情况，而且可以满足农民对高品质能源的需求，提高广大农民的生活质量。此外，秸秆作为一种可再生能源，在生物质发电、生产生物质燃料（“秸秆煤”）等方面也发挥着重要的作用。

三、秸秆类生物质资源量分析

农村地区生物质能，也是太阳能的另一种形式。其可分为农业种植生产中农作物的副产物、农村地区养殖业牲畜禽类与个人生活排泄的粪污等多种形式，每种生物质资源特点、利用形式都不同。在此对农作物秸秆类生物质能加以分析，其他农林业作物、薪柴可以类比该类生物质的应用模式。

（一）秸秆类生物质潜力估算方法

首先明确秸秆资源包含理论资源量、可收集资源量、可利用资源潜力3

种形式。理论资源量即通过作物种植面积与产量，由草谷比（作物收获后，秸秆经晾晒、烘干后的质量与谷物经过脱粒后的质量的比值）粗略得到秸秆资源总量，可收集资源量为考虑秸秆收集时各种损耗，如机械与人工收割时的方法、作物自身特性等，均会影响秸秆的可收集量，可利用资源量则是在收集后，若考虑资源的不同利用方法差异造成可利用资源量不同。

这里介绍内容主要计算秸秆资源的可收集资源量，可收集资源量公式见式（5–1）。不同地区的不同农作物的草谷比均不同，见表 5–1，而作物的收集系数则是与作物种类相关度较大的值，见表 5–2。

$$M_i = Z_i \times \lambda_i \times \eta_i \tag{5–1}$$

式中：

Z_i 为 i 类作物谷物（籽粒）的重量，t。

λ_i 为 i 类作物秸秆的草谷比，详见表 5–1。

η_i 为 i 类作物秸秆的可收集系数，详见表 5–2。

表 5–1　不同地区常见作物草谷比

主要农区	省、市、区	玉米	水稻	小麦	其他谷物	棉花	花生	豆类	薯类
华北	北京、天津、河北、山西、内蒙古、山东、河南	1.73	0.93	1.34	0.85	3.99	1.22	1.57	1
东北	辽宁、吉林、黑龙江	1.86	0.97	0.93	0.97	/	/	1.7	0.71
西北	陕西、甘肃、青海、宁夏	1.52	/	1.23	1.23	3.67	/	1.07	1.07

表 5–2 不同作物的收集系数

秸秆种类	玉米秸		稻草		麦秸		其他谷物秸秆	棉秆	花生秧	豆类秸秆
	机械收割	人工收割	机械收割	人工收割	机械收割	人工收割				
可收集系数	0.85	0.9	0.74	0.83	0.73	0.83	0.85	0.86	0.83	0.56
留茬高度（cm）	15	8	15	7	15	6	6	0	/	/

不同的农作物秸秆资源所含能量也各不相同，该值直接影响其作为能源使用时的可利用资源量，表 5–3 为北方常见农作物秸秆热值，并且表中给出部分年鉴中涉及的作物品种热值以及其收集系数与草谷比的乘积结果，后续计算中可直接选取该值进行计算。

表 5–3　常见作物秸秆热值

名称	大豆、棉花秆	稻秆	麦秆	玉米秆	薪柴
平均低位发热量GJ/t	15.89	12.545	14.635	15.472	16.726
折标煤系数tce/t	0.543	0.429	0.5	0.529	0.571

注：tce 表示吨标准煤当量（ton of standard coal equivalent）

由表 5–3 及式（5–1）综合，此时结合一个具体村庄当年耕地量与作物品种，根据经验估算出不同作物的收成，即可估算出该村庄所拥有秸秆资源能源量，见式（5–2）。

$$E_J = \sum M_i \times e_i \tag{5-2}$$

式中：

E_J 为该村庄秸秆的可收集能源量，MJ。

M_i 为第 i 类作物的可收集资源量，t。

e_i 为第 i 类作物秸秆的平均低位发热量，MJ/t。

（二）秸秆类生物质资源能源化特点

当前基于农作物秸秆产生量具有短时、集中、量大的特点，各方面专家提出了不同的处理方案，总体概括为秸秆的“五化”：肥料化、基料化、饲料化、原料化、能源化（又称燃料化）五种利用途径。

肥料化早期是指在农作物收储的时候，将秸秆打碎，就地翻土、掩埋在田地中，作为下一季作物的养分，其后发展为将秸秆堆沤、腐熟、异地覆盖还田，制作有机肥后再还田等技术处理形式。基料化与肥料化相近功效，是指将作物秸秆通过处理用作食用菌、育苗或其他栽培基质的养分。饲料化是指利用作物秸秆的养分，经过搓揉丝化、青（黄）贮、氨化或制作颗粒化饲料（压块成型）处理后，作为养殖业的饲料或辅料的技术措施。原料化则主要指通过手工艺方式，对秸秆进行二次深加工，制作各种日常用品或建筑材料等商品使用的技术措施。

农作物形成的过程主要是通过光合作用吸收二氧化碳及水分生成有机物和氧气，秸秆资源的能源化处理，相当于该过程的逆过程，通过秸秆中的有机物与氧气化学反应释放出吸收的热能并产生二氧化碳等其他物质。秸秆的能源化构成了自然界碳循环过程，这也正是秸秆燃料的“零碳排放”的形式和意义。

第三节 生物质秸秆燃料

一、秸秆固化成型燃料

（一）秸秆固化成型燃料技术现状

秸秆固化成型燃料是指在一定温度和压力作用下，以农作物秸秆作为原料，将农作物秸秆压缩为棒状、块状或颗粒状等成型燃料，从而提高运输和贮存能力，改善秸秆燃烧性能，提高利用效率，扩大应用范围。

秸秆成型后，体积缩小 6 ～ 8 倍，密度为 1.1 ～ 1.4 t/m^3，该燃料与煤相比，能源密度与中质烟煤单位体积热值相当，使用时火力持久，炉膛温度高，燃烧特性明显得到改善，燃烧性能好，污染物排放少，生产成本低，可以代替木柴、煤炭为农村居民提供炊事或取暖用能，也可以在城市作为锅炉燃料，替代天然气、燃油，是一种可再生的替代煤的燃料。

我国对秸秆固化成型技术进行了卓有成效的研究，研制出了不同的固化成型技术及设备，设备向小型化、移动化方向发展，推动了固化成型颗粒燃料的规模化生产和产业化应用。生物质常温固化成型技术，通过独创的纤维碾切搭接技术，在常温下把粉碎后的生物质材料压缩成高密度成型燃料。由于不需要在加热的条件下生产，能耗降低，成型设备体积减小，综合生产成本降低。秸秆固化成型燃料是继煤炭、石油、天然气之后的第四大能源，是取代矿产能源的可再生资源，是未来发展的一个重要方向。

（二）秸秆固化成型燃料优点

（1）秸秆固化成型燃料（俗称秸秆煤）在燃烧时，燃点低，起火快，火力大，烟尘少，无二氧化硫排放，无刺激性气味，是国际上公认的零污染燃料。

（2）秸秆煤热值和煤相当，热利用率高，而且价格低于煤炭，节能省钱效果十分理想。秸秆煤制作技术简单易学，制作设备及技术可以很大程度上普及，而且操作方便，工人简单培训就可以直接上岗。

（3）节能环保，利国利民，国家政策支持，无后顾之忧。

（4）密度大，占地少，降低运费，清洁卫生，取用方便。

（5）燃点低，容易生火，热值高。通过加入不同的煤化剂配方，可以让块煤和颗粒煤的热值达到 14 654 ～ 25 121 kJ（3500 ～ 6000 kcal），效果和煤一样。

（6）燃烧时间长，成本低廉，利于环保，是绝对的清洁能源。

（7）适用于所有炉具，适合农村、城市，适合单位、家庭，是做饭、取暖、洗浴、烧锅炉以及秸秆发电的理想材料。

（8）颗粒小，质硬，便于摆放分布，它是陶工烧制、砖瓦厂以及冶炼行业的首选材料。

（9）秸秆煤在燃烧后的灰烬中，富含钙、镁、磷、钾、钠等元素，是上好的速效有机肥。

（三）秸秆固化成型燃料技术的工艺流程

物质成型对原料的种类、粒度、含水率都有一定的要求，一般秸秆固化成型燃料生产工艺流程包括以下步骤：秸秆粗粉碎—干燥—细粉碎—筛选—加工成型—碳化—木炭。

（1）木屑、稻壳等由于粒度细小，筛除杂物即可直接使用，秸秆、麦秸等需经专用设备进行适当的粉碎，至粒度在 10 mm 以下。

（2）物料都要进行干燥，秸秆含水率一般在 20%～ 40%。干燥方式一般宜采用气流式，以秸秆燃烧产生的烟道气为热源，物料在干燥管内干燥后由旋风分离器排出。

（3）成型是生物质固化技术的核心，成型的方式有多种，但目前使用最多的还是以螺杆输送和压缩物料的连续挤出，其特点是成型燃料的密度大，表面质量好，最主要的是成型燃料碳化后所得木炭的质量好。根据物料的种类和含水率，控制适宜的成型温度即可得到密度较大、表面光滑、无明显裂纹、任意长度的中空棒状成型燃料。但也存在能耗大、设备易磨损的缺点。

生物质固化成型的设备包括粉碎机、干燥设备、成型机、碳化釜等。原料的含水率对棒状燃料的成型过程及产品质量影响很大，当原料水分过高时，加热过程中产生的蒸汽不能顺利地从燃料中心孔排出，造成表面开裂，严重时产生爆鸣，但含水率太低成型也很困难，这是因为微量水分对木质素的软化、塑化有促进作用。对木屑、秸秆等物料，成型的适宜含水率范围为6%～10%。不同种类的秸秆木质素含量有较大差异，但成型所需适宜含水率基本一致。

二、秸秆降解制取乙醇

乙醇俗称酒精，可以玉米、小麦、薯类、糖蜜等为原料，经液化糖化、发酵、蒸馏而制成，还可进一步脱水为无水乙醇。纤维素类物质是自然界中最丰富的可再生资源之一。在我国随着液体燃料乙醇的广泛应用，利用农作物秸秆发酵生产燃料酒精不但可以生产出辛烷值高、对大气无污染的液体燃料乙醇，而且还可以增加社会经济效益，改善环境。利用秸秆生产燃料乙醇是生物质产品商业化的重要目标，燃料乙醇是一种巨大的可再生能源，因此以秸秆为原料生产燃料乙醇具有其他淀粉质原料不可比拟的优势。不少国家在多年以前就已开展此项工作，美国、巴西等国家推广使用燃料乙醇已经给国家带来了巨大的综合效益。

秸秆降解制乙醇主要包括以下几个步骤。

（一）预处理

纤维质材料的预处理是转化乙醇过程中的关键步骤，该步骤的优化可明显提高纤维素的水解率，进而降低乙醇的生产成本。纤维质材料预处理的方法很多，包括物理法、化学法、生物化学法以及几种方法的联合作用。

用蒸汽爆破和生物方法对秸秆进行预处理较为经济和可行，是未来发展的方向。其中，蒸汽爆破法较适合当前纤维素乙醇的产业化发展要求。

玉米秸秆结构复杂，纤维素、半纤维素被木质素包裹，而且半纤维素部分共价和木质素结合，纤维素具有高度有序的晶体结构，因此必须经过预处理，使得纤维素、半纤维素、木质素分离开，切断它们的氢键，破坏晶体结构，降低聚合度。

（二）酸水解和酶水解

水解是破坏纤维素和半纤维素中的氢键，将其降解成可发酵性糖（戊糖和己糖）。纤维素水解只有在催化剂存在下才能显著地进行，常用的催化剂是无机酸和纤维素酶，由此分别形成了酸水解工艺和酶水解工艺，纤维素的酒精发酵传统上以酸法水解工艺为主。稀酸水解要求在高温和高压下进行；浓酸水解相应地要在较低的温度和压力下进行，反应时间比稀酸水解长得多。由于酶解反应条件温和，设备简单，能耗低，污染小，因此纤维素酶解条件的研究得到广泛的重视。从现有的水平来看，采用温和的酶水解技术可能更为合适，酶水解是生化反应，与酸水解相比，它可在常压下进行，这样减少了能量的消耗，并且由于酶具有较高选择性，可形成单一产物，产率较高。

（三）发酵

从葡萄糖转化成乙醇的生化过程是简单的，通过传统的酒精酵母，使反应在 30 ℃条件下进行。半纤维素占农作物秸秆相当大的部分，其水解产物为以木糖为主的五碳糖，故五碳糖的发酵效率是决定过程经济性的重要因素。木糖的存在对纤维素酶水解起抑制作用，将木糖及时转化为乙醇对农作物秸秆的高效率酒精发酵是非常重要的。目前主要的发酵方法有以下几种。

1. 直接发酵法

本方法的特点是基于纤维分解细菌直接发酵纤维素生产乙醇，不需要经过酸水解或酶解前处理过程。该方法一般利用混合菌直接发酵。

2. 间接发酵法

间接法即糖化、发酵二段发酵法，它是用纤维素酶水解纤维素，收集酶解后的糖液作为酵母发酵的碳源，也是目前研究最多的一种方法。

3. 同步糖化发酵法

同步糖化发酵法与间接发酵法原理相同，是在同一个反应罐中进行纤维素水解（糖化）和乙醇发酵的同步糖化发酵法。纤维素酶对纤维素的酶水解和发酵糖化过程在同一装置内连续进行，水解产物葡萄糖由菌体的不断发酵而被利用，消除了葡萄糖因基质浓度对纤维素酶的反馈抑制作用。在工艺上采用一步发酵法，简化了设备，节约了总生产时间，提高了生产效率。

4. 固定化细胞发酵

固定化细胞发酵能使发酵罐内细胞浓度提高，细胞可连续使用，使最终发酵液乙醇浓度得以提高，被看作是秸秆生产乙醇的重要方法。

三、秸秆直接燃烧发电技术

秸秆资源是新能源中最具开发利用价值的一种绿色可再生能源，是最具开发利用潜力的新能源之一，具有较好的经济、生态和社会效益。每 2 t 秸秆的热值就相当于 1 t 标准煤，而且其平均含硫量只有 3.8‰，而煤的平均含硫量约达 1%，它的灰含量均比目前大量使用的煤炭低，在生物质的再生利用过程中，排放的 CO_2 与生物质再生时吸收的 CO_2 达到碳平衡，具有 CO_2 零排放的作用，是一种很好的清洁燃料，在有效的排污保护措施下发展秸秆发电，会大大地改善环境质量，对环境保护非常有利。

（一）秸秆燃烧发电的方式

秸秆燃烧发电的方式可分为两种，即秸秆气化发电和秸秆直接燃烧发电。

1. 秸秆气化发电

秸秆气化发电是在气化炉中将秸秆原料在缺氧状态下燃烧，发生化学反应，生成高品位、易输送、利用效率高的可燃气体，产生的气体经过净化，供给内燃机或小型燃气轮机，带动发电机发电。但秸秆气化发电工艺过程较复杂，难以适应大规模应用，一般主要用于较小规模的发电项目，多数不大于 6 MW。

2. 秸秆直接燃烧发电

秸秆与过量空气在锅炉中直接燃烧，或是将秸秆燃料与化石燃料混合燃烧，释放出来的热量与锅炉的热交换部件换热，产生出的高温、高压蒸汽在蒸汽轮机中膨胀做功转化为机械能驱动发电机发出电能。秸秆直接燃烧发电技术已基本成熟，进入推广阶段，这种技术在规模化情况下，效率较高，单位投资也较合理；但受原料供应及工艺限制，发电规模不宜过大，一般不超过 30 MW。适用于农场以及我国北方的平原地区等粮食主产区，便于原料的规模化收集。秸秆直接燃烧发电是 21 世纪初期实现规模化应用的唯一现实的途径。

（二）秸秆发电的工艺流程

1. 秸秆的处理、输送和燃烧

发电厂内建设独立的秸秆仓库，要测试秸秆含水量。任何一包秸秆的含水量超过 25%，则为不合格。在欧洲的发电厂中，这项测试由安装在自动起重机上的红外传感器来实现。在国内，可以手动将探测器插入每一个秸秆捆中测试水分，该探测器能存储 99 组测量值，测量完所有秸秆捆之后，测量结果可以存入连接至地磅的计算机。然后使用叉车卸货，并将运输货车的空车重量输入计算机。计算机可根据前后的重量以及含水量计算出秸秆的净重。

货车卸货时，叉车将秸秆包放入预先确定的位置；在仓库的另一端，叉车将秸秆包放在进料输送机上；进料输送机有一个缓冲台，可保留秸秆 5 min；秸秆从进料台通过带密封闸门（防火）的进料输送机传送至进料系统；秸秆包被推压到两个立式螺杆上，通过螺杆的旋转扯碎秸秆，然后将秸秆传送给螺旋自动给料机，通过给料机将秸秆压入密封的进料通道，然后输送到炉床。炉床为水冷式振动炉，是专门为秸秆燃烧发电厂而开发的设备。

2. 锅炉系统

采用自然循环的汽包锅炉，过热器分两级布置在烟道中，烟道尾部布置省煤器和空气预热器。由于秸秆灰中碱金属的含量相对较高，因此，烟气在高温时具有较高的腐蚀性。此外，飞灰的熔点较低，易产生结渣的问题。如果灰分变成固体和半流体，运行中就很难清除，就会阻碍管道中从烟气至蒸汽的热量传输。严重时甚至会完全堵塞烟气通道，将烟气堵在锅炉中。由于存在这些问题，因此，专门设计了过热器系统。

3. 汽轮机系统

汽轮机和锅炉必须在启动、部分负荷和停止操作等方面保持一致，协调锅炉、汽轮机和凝汽器的工作非常重要。

4. 环境保护系统

在湿法烟气净化系统之后，安装一个布袋除尘器，以便收集烟气中的飞灰。布袋除尘器的排放低于 25 mg/m^3，大大低于中国烧煤发电厂的烟灰排放水平。

5. 副产物

秸秆通常含有 3%～5%的灰分。这种灰以锅炉飞灰和灰渣、炉底灰的形式被收集，这种灰分含有丰富的营养成分，含有氧化钾 6%～12%，也含有较多的镁、磷和钙，还含有其他微量元素，可用作高效农业肥料还田，提高土壤养分含量，改善土壤物理性质。

第六章 生物质炉采暖

第一节 生物质气化炉设计原理

生物质秸秆气化技术是利用农作物的秸秆、谷物加工后的皮壳、树木枝条、柴草等生物质为原料，以氧气、水蒸气或氢气等作为汽化剂，经高温发生炉无氧燃烧而生产可燃性气体。由于其原料资源广泛，可再生，成本低，既节能又环保，极受农村地区的欢迎。生物质气化时产生的气体称为生物质燃气，其主要有效成分为一氧化碳、氢气和甲烷等。

生物质气化是在一定的热力学条件下，将组成生物质的碳氢化合物转化为可燃气体的过程。为了满足反应所需的热力学条件，气化过程需要供给空气或氧气，使原料发生部分燃烧或缺氧燃烧。气化过程和常见的燃烧过程有着很大的区别。普通的燃烧过程中，燃料供给氧气很充足，燃烧较充分，目的是直接获取热量。普通燃烧后的产物是二氧化碳和水蒸气等不可燃烧的烟气。气化过程只对原料供给热化学反应所需的部分氧气，以尽可能地将能量保留在反应后得到的可燃气体中。气化的产物是含氢、一氧化碳和低分子桂类的可燃气体。

生物质气化的反应过程包括热解、燃烧和还原反应三个阶段，反应全过程均在以空气为介质的汽化器中进行。以空气为气化介质的气化反应，由于空气中的氮气不参加反应，反应后会留在燃气中冲淡可燃成分，所以这种气化方式只能得到低发热值燃气。

热解反应过程中，原料进入汽化器后，在热量的作用下首先被干燥。当温度升高到 250 ℃时，热解反应开始发生。热解是高分子有机物在高温下吸热所发生的不可逆裂解反应，经热解反应后，大分子的碳氢化合物的链被打碎，析出生物质中的挥发物，留下木炭。木炭又会构成进一步反应的床层。高温条件下，生物质的热解产物是非常复杂的混合气体，其中至少包括数百种碳氢化合物。部分碳氢化合物在常温下会冷凝形成焦油，剩

下的不冷凝气体就可以直接作为气体燃料使用。反应得来的气体燃料发热值可达 15 MJ/m^3，是一种优质的中热值干馏气。热解是一个十分复杂的过程，其真实的反应包括若干沿着不同路线的一次、二次乃至高次反应，不同的反应路线得到的产物也不同。热解反应最初需要从外界吸热，当温度升高到一定程度后，生物质中富含的氧将参加反应，从而使温度迅速提高以加速热解的进行。

加热速率是影响热分解结果的主要因素之一。按加热速率快慢可分为慢速分解、快速热分解及闪蒸热分解等，温度与加热速率是相互关联的，低温热分解通常与慢速热分解关联，高温热分解通常与较快的加热速率相关联。由于工艺过程中温度和加热速率等存在差异，反应的速度以及反应产物的比率都会有不同。缓慢裂解的产物中，木炭的比率占 40% ～ 50%，这一反应技术被广泛地应用于木炭生产。快速裂解的加热速率在 500 ℃ /s 以上，通过这种反应可以将生物质的 70% 转换成蒸气，冷却后可以得到裂解油这样一种新能源产品。生物质气化工艺的目的是得到可燃气体，不必过多考虑这些中间反应过程，但在热解反应中产生的焦油影响燃气使用，需要抑制其产生并从燃气中去除。

慢速热分解反应过程中，加工温度低于 500 ℃，加热速率小于 100 ℃ /s，原料的停留时间较长。焦油及炭为其主要产物。在实际应用过程中，慢速热分解多发生在固定床反应器中。

闪蒸热分解反应过程中，加工温度在 400 ～ 600 ℃，加热速率为 10 ～ 1000 ℃ /s，挥发物的停留时间少于 2 s，主要产物为焦油。

快速热分解反应过程有着非常高的加热速率和非常高的反应温度，挥发物的停留时间少于 0.5 s。其主要产物为高质量的气体，并伴有很少量的焦油及炭，在很高的加热速率下，甚至没有炭。所产气体中的烯桂与碳氢化合物较多，可作为合成汽油或其他化工产品的原料。

在气化炉的设计中，为实现生物质的快速分解，需要加快热解过程的速率。

燃烧反应为热解反应和以后的还原反应供应足够的热量。实现燃烧反应，需向反应层供入空气，通过燃烧获得热量。空气进入反应层扩散到碳表面会促进碳的氧化燃烧，碳表面的氧消耗以后浓度降低，周围的氧就在浓度差的作用下继续向碳表面移动，燃烧反应就这样在反应器内循环进行。

还原层位于氧化层的后方，燃烧后的水蒸气和二氧化碳与碳反应生成氢和一氧化碳等，从而完成了固体生物质原料向气体燃料的转变。还原反应是吸热反应，温度越高反应越强烈，要保证还原反应的顺利进行，需要把反应器内的温度保持在 600 ℃以上。还原反应的反应机制包括二氧化碳向碳粒表面的扩散、一氧化碳自表面的解析、碳表面的反应活性温度等因素。供热机制包括气固两相的热容量、气相的流速以及两相间的传热和传质等。

气化实际上是一种缺氧燃烧，即控制空气供应量，使原料不充分燃烧，目的是为了得到可燃气体。但在固定床汽化器的实际运行中，不需要采取任何措施人为地控制空气和原料的比例。因为氧化燃烧反应和还原反应之间，存在着自平衡机制。当燃烧反应强烈时，会释放出较多的热量，从而提高反应区温度、加快吸热的气化反应的速率。同时，强烈的燃烧会产生较多的二氧化碳和水蒸气，还原时则需要吸取较多的热量，从而维持了离开还原区的气体成分与温度基本稳定。进入汽化器的空气量的多少，只是改变了燃气产量，并没有显著地影响燃气成分和燃气的发热值。在进行气化工程工艺设计时并不需要过多地考虑其中各个中间反应的过程，重要的是建立稳定的反应条件和反应床层，并通过控制进入汽化器的空气量来简单地调整汽化器的负荷。

生物质秸秆气化采暖炉，包括炉体及边部的加料斗，中部的气化室，底部的炉算、点火口，下方的清灰室等，燃烧室上设有与水套连接的多节加温管和反烧式排烟道，灶头位于燃烧室的底部，灶头通过出气管直接与气化室连通，水套上部和配风室相互独立的设置在燃烧室的周边，水套下部设置在气化室一侧，水套上部设出水口、中部设有防爆门、水套下部设进水口，炉体下部设置与风机连通的进风口，配风室和进风口都与配风管连接，配风管通过与其连接的旋式布风盘，向气化室供风。生物质气化采暖炉，结构简单、使用方便，由于灶头通过出气管直接和气化室连接，炉箅上设有捅灰阀和旋式布风盘，使燃料充分均匀地燃烧，气化效率高，焦油和水汽产生少，节约资源，保护环境，可以实现取暖、洗浴、供热等功能。

一、生物质秸秆燃气生产技术原理

植物生物质中碳元素的质量分数约为40%，其次为氢、氮、氧、镁等元素。而纤维素和半纤维素是构成植物秸秆的主要有机成分，其质量之和约占总质量分数的50%。生物质原料在缺氧的环境下加热，能发生复杂的热化学反应并释放大量的能量，此过程实质是植质中的碳、氢、氧等元素的原子，在反应条件下按照化学键的成键原理，变成一氧化碳、甲烷、氢气等可燃性气体的分子。这样植物生物质中的大部分能量就转移到这些气体中。

二、生物质气化炉的主要特点

农作物秸秆气化技术，就是生物质燃料在缺氧状态燃烧反应的能量转换过程，当原料被点燃后，随温度升高燃烧产生的气体。燃烧可燃气体能满足用火、供热之需。大型制气炉甚至能实现村庄集镇集中供气、供热和发电之用。主要性能特点有以下几方面。

（一）安全优势

生物质颗粒燃料气化后的燃气属于常压，完全杜绝了液化气使用时出现易燃、易爆、易泄等危险，无任何安全隐患。

（二）经济实用

该炉具是在缺氧状态下不完全燃烧、经过高温、氧化、还原反应为可燃气体，比秸秆直接燃烧节能80%以上，比烧煤节能40%以上，热效率高达82.5%。

（三）产气速度

只需 5 ～ 10 分钟即可产气使用，产气不受季节限制，封火时间长达 24 小时，随用随产，使用方便。此项不仅继承了沼气的优势，又克服了沼气经常有臭味，且冬季无法使用的不利因素。

（四）使用方便

无焦油、火力猛、热值高、中途不断火，彻底解决了在使用过程中房间的异味，提高了生活的舒适度。

三、生物质气化炉生产技术方案

（一）概述

中国是世界上燃煤采暖炉数量和耗煤量最多的国家之一，但实际的资源需求与开发量之间存在着较大缺口，且环境污染日益严重，这些都是制约发展的重要因素，而现实情况是，煤炭一直是我国的主要能源，国民经济发展的依赖性很强。我国现运行的燃煤锅炉仍有很多，近年在国家大力倡导节能减排、能源转型的今天，生物质采暖炉可以较低的成本运行，且具有环保、节能等突出特点，所以生物质能源的开发利用必将成为改变农村能源使用结构，减少环境污染以及促进农村社会和谐发展的重要手段。

（二）产品性能特点

1. 反烧式

为保证水分稍大的燃料能顺畅燃烧，燃烧时使火苗向下进入炉膛，这时燃料在炉膛中逐层燃烧，且有效提高了燃料的利用率，可使燃料持续燃烧 3 ～ 4 个小时，封火后二十几个小时内余温仍在。

2. 多回程

火焰在炉膛内可循环流动，主要相当于成倍地放大了炉具的吸热能量，可显著提高热效率。

3. 气化燃烧

燃料在炉内先进行“气化”，随后分解出可燃气体。

4. 节能

在煤价暴涨的今天，可以说节煤就是省钱。本炉具由于采用“反烧”“多回程”“气化”等多项创新技术，在保证达到同样取暖效果的情况下，可节省燃料 40% ～ 50%。

5. 柴煤两用

本产品为生物质炉具，以燃烧生物质燃料——“秸秆压块”为主。在没有“秸秆压块”的地区，本炉具也可以烧煤、烧玉米芯或者木块。真正实现“有柴烧柴，无柴烧煤”。

（三）用途

生物质采暖炉燃料的原料来源非常广泛，将农村的大量可利用生物质资源经过加工粉碎成 3 ～ 6 mm 颗粒状即可。生物质燃料气化燃烧采暖炉，它能够传热给暖气片取暖，可有效提高热能利用率，而且结构简单使用方便，可广泛用于农户烧水、做饭和冬日取暖等日常活动。

四、无水节能散热器生产技术方案

（一）无水节能散热器的生产技术原理

无水节能取暖技术是新型的取暖技术，即是将暖气片利用电、沼气、普通锅炉、煤炉、太阳能热水器等作为热源，利用速热防冻介质传热，速热防冻介质遇热使物质的分子和原子相互碰撞、摩擦而产生热能，从而发生聚集聚变现象，使速热防冻介质瞬间高速发热，从而达到高效节能的目的。该散热片可在现有的暖气上进行改装，如果和生物质高效秸秆气化炉配套使用效果更佳，无水节能散热片的诞生开创了中国供暖行业的新纪元。

（二）无水节能散热器的优点

无水节能散热器与传统散热器相比，主要有如下优点。

1. 高效节能

无水节能散热器，其热效率比水暖提高 30% 以上，大大降低了供热水作为导热介质，而是利用速热防冻高效传热复合介质，其受热汽化产生高能物理变化，使散热器在几分钟内迅速升温。传热速度快、温度高，降低供暖成本和费用。另外，因为无水节能散热器的换热管体是直进直出方式，所以在很大程度上降低了采暖系统的循环消耗。据统计可以比水暖设备节煤约 50% 以上，比烧油、气的暖器节能约 40% 以上。

2. 传热速度快

一般水暖的传热必须达到 80 ℃的高温才能启动传热，须经过 1 ～ 2 h 才能达到室温。而无水节能散热器真正做到了随烧随热，在节约了采暖成本的同时，也保证了在需要时及时供暖。

3. 热值高

传热温度是水暖的二倍以上，相比水暖更热，其导热效率提高了至少 33% 以上，在运行 10 分钟左右就可将散热器表面温度提高至 85 ℃以上。

4. 使用寿命长、耐腐蚀

无水节能散热器的真空腔体中，是充满特制高效传热介质的 HX-JN2 速热防冻液体，根本上杜绝了冒、滴、漏、结垢腐蚀等存在于使用常规散热器和其他钢制散热器时存在的现象。另外，普通水暖设备的寿命在几十年左右，而无水节能采暖系统在安装后，只要不是人为的破坏就可终身不用更换，只需在使用过程中偶尔维修即可，其使用寿命约是普通水暖的 2～3 倍。

5. 节水 85% 以上

无水超导散热器的导热介质是热媒，热媒仅从底部防锈热媒复合管中流过，使用过程中的用水量仅相当于普通散热器的 1/10。

6. 防冻效果

散热器的内腔里装有特制的 HX-JN2 速热防冻高效传热介质，此种介质在零下 40 ℃的低温环境中也不会结冰，彻底杜绝了寒冷的北方因供热中断而导致的水管、暖气片冻裂爆破等隐患。

7. 启动温度低

所采用的速热防冻介质只需极低的温度就可启动，在 30 ～ 40 ℃时就可激发传温。一般水暖的启动升温必须经过 1 至 2 h 才能达到室温。它的传递速度是水暖的几十倍，每分钟可传热达 20 m。

8. 均衡受热，安装简便

无水节能散热器的特殊制作工艺及原理，解决了常规散热器表面温度易出现“冷压”“热压”的现象。安装比水暖更简单。只要把热源管接到散热器底部即可，简便快捷。节省管件配件，大大降低了成本。每户安装费用与传统水暖相比，可以节省管线、管件、安装等费用 200 元～ 300 元之间，全国预计节省的费用在上亿元以上。

（四）主要原材料选择

生产无水节能散热器所需的原材料主要包括两部分，即：生产散热器腔体外壳需要的原材料和生产 HX-JN2 速热防冻高效传热复合介质的原材料。

1. 生产散热器腔体外壳需要的原材料

主要包括低碳钢元宝管、低碳钢 D 型管、真空接头，D 型堵头和内丝堵头，介质、高频焊管、氮弧焊丝、氮气、塑粉等。

2. 生产 HX-JN2 速热防冻高效传热复合介质的原材料

主要包括钢珠、重铬酸钾、氯化钙、无水乙醇、过硼酸钠、氢氧化铝、蒸馏水、二氧化锰、硼酸等。

（五）无水节能散热器生产工艺

生产工艺主要分为前处理工艺和后处理工艺。

1. 前处理工艺流程为

除油→除锈→中和→纯化→干燥五道工序。

（1）除油

将清洗槽中加入工业乙醇，然后放入被清洗件浸泡 30 分钟，同时用清洁的毛刷清洗管件内壁，直到将油洗净为止，然后用 40 ～ 50 ℃的热水冲洗干净内外壁表面残留的污物。

（2）除锈

先将盐酸溶液加入清洗槽中，然后再加入六甲基四胺，待其溶解后， 用干净的木棒搅拌均匀即可，置入除锈后的散热器型材浸泡除锈。

（3）中和

将除锈后的散热器型材快速清水冲选，除去表面残留酸液，迅速浸泡在碳酸钠溶液中，然后取出并用清水冲洗干净内外壁表面上残留的溶液。

（4）钝化

将冲洗后的散热器型材浸泡在重铬酸钾溶液中 10 min，然后取出并用热水洗干净内外壁表面上残留的钝化液。

（5）干燥

将冲洗后的清洗件内外壁表面用洁净的干棉布将水擦净，然后将清洗件风干。

2. 后处理工艺流程为

焊接→打压、灌装→产品质检→喷塑四道工序。

（1）散热器的焊接

散热器的焊接采用全自动焊接，在试验中焊好后的散热器经过破坏性拉伸，钢管断裂后其焊接部分仍牢牢地结合在一起。

（2）打压、灌装

利用打压设备，对散热器内部进行加压，然后灌入特制的 HX-JN2 速热防冻高效传热介质，然后进行密封处理。

（3）产品质检

制造过程中质量的控制，按国际标准 ISO 9001 体系执行。压力试验控制有三四台试压设备，每组散热器要经过最少两次的试压。

（4）喷塑工艺及塑粉

做完前处理后，表面喷塑是整个散热器的最后一道工序。喷塑设备采用全自动喷塑流水线，塑粉选用国内知名企业的塑粉。

五、生物质颗粒燃料生产技术方案

（一）概述

生物质颗粒燃料是以玉米秸秆、玉米芯、麦草、稻草、花生壳、棉花秆、大豆杆、杂草、树枝、树叶、锯末、树皮等农作废弃物为原料，辅以部分煤泥、煤矸石、专用黏结材料、煤化助剂等经过粉碎、加压、增密，使用生物质颗粒机专用设备压缩而制成的 6 ～ 30 mm 棒状固体颗粒燃料，是替代传统煤炭和液化气的“合成碳”。产品易燃、无烟、无味、无污染、无残渣、不易破裂且形状规则，在专用气化炉中使用，其产生的热值高达 4000 ～ 6000 kcal，含碳量高达 80% 以上，并且火力旺、成本低、燃烧时间持久，是一种新型的生物质能源，它可代替木柴、原煤、燃油、液化气等，可广泛用于取暖、生活锅炉、热水锅炉、工业锅炉、生物质发电厂等，其市场需求广阔，应用前景无限。现在，世界各国对生物质压缩颗粒的研究和应用都非常重视。在我国，秸秆压缩燃料的研究和应用也得到政府的关注和支持，国家科技部、经贸委、计委共同在“中国新能源和可再生能源发展纲要”中提出，要“发展高效的直接燃料技术、致密固化成型技术，作为今后能源工作的一个主要方面来抓”。生物质颗粒煤的利用符合党和政府提倡可持续发展战略基本国策，更是新发展理念在节约能源领域具体的贯彻与落实。

（二）生物质燃料成型原理

生物质原料中含有纤维素、半纤维素、木质素等，其具有结构比较疏松，密度小等特点，当受到外力后，原料将经历重新排列位置等一系列形变，非弹性或黏弹性纤维素分子之间的相互缠绕和绞合，使体积缩小，密度增大，形成生物质燃料。

（三）生物质燃料基本规格

秸秆燃料（即生物质燃料）是利用农作物如玉米秆、麦草、稻草等固体废弃物为原料，经过粉碎、加压、成型等步骤，将农作废弃物压缩成一定尺寸规格的棒状、块状或颗粒状等固体成型颗粒燃料。这样既改善了秸秆的燃烧性能，又提高了利用效率，成为节能型、环保型、可持续性的新型能源之一，又因取料便捷、经济而得到农村居民的广泛关注。

（四）生物质秸秆颗粒燃料的用途

秸秆均匀加入配料后在模具中压缩成型，成型后的颗粒燃料是一种新型的生物质能源，它可代替木柴、原煤、燃油、液化气等常规燃料，还可广泛用于取暖、生活炉灶、热水锅炉、生物质发电厂等方面。这样既节约了成本又将大量废料转换成新型燃料来使用，达到了综合效果。

（五）生物质颗粒燃料的特点

1. 成型燃料密度大

成型后的秸秆颗粒燃料体积仅相当于原秸秆的 1/90 ～ 1/40，其密度为 0.8 ～ 1.4 g/cm^3，使物料松散的间隙变得“致密无间”，从而限制了挥发物的逸出速度，达到像煤炭一样，燃烧反应只在表面进行，逐渐向内深化，延长了物料的燃烧时间。另外应用于专业气化炉以后，供给的空气充分，不完全燃烧挥发部分很少，从而杜绝了黑烟的产生，有效避免田间地头焚烧秸秆导致的环境污染。

2. 燃烧充分

因成型燃料质地密实，挥发物逸出后剩余的炭物质结构也相对紧密，运动气流不能将其解体，可充分利用炭的燃烧，时间明显延长，燃烧率大幅度提高，温度大大提升，留下灰分是优质的钾肥，可以还田改良土壤。

3. 燃烧稳定

整个燃烧过程的需氧量趋于平衡，燃烧过程比较稳定。

4. 运输方便

生物质经压缩密实以后，颗粒密度变大，每立方米在一吨左右，占地少，方便运输和贮存。可用袋装，农村及城镇居民可像采购大米一样购置存放，清洁卫生，取用方便。

5. 节能环保

经检测，生物质颗粒燃料含硫量为 0.16% ～ 0.22%，远低于煤炭中的硫含量。

以玉米秸秆燃料颗粒为例：将玉米秸秆燃料颗粒加入配套的生物质燃料炉中燃烧，其燃烧率是燃煤锅炉的 1.3–1.5 倍。因此，一吨玉米秆颗粒燃料的热量利用率与一吨煤的热量相同，烟囱中无灰尘和灰烟排出，经测试烟气排放中 CO、CO_2、SO_2 等成分浓度仅为 75 ～ 138 mg/m^3，大大低于相关大气污染物排放标准的要求。以生物质燃料替代煤炭，不但价格低廉，还可减少二氧化碳排放，减少碳氢化物、氮氧化物等对大气的污染，能极大地改善能源结构、提高能源利用效率。

6. 成本价格低廉

生物质颗粒燃料不但取材十分广泛，并且在新农村中使用，有其无可比拟的优越性，可以使农作废弃物重新利用，费用低廉、使用不受季节限制，四季皆宜，能极大地减少农村环境污染，改善农村生活环境，解决新农村取暖费用与环境污染的生活矛盾，尤为可贵的是就地取材极大地节约了农户生活开支。

第二节 生物质热风炉的结构设计与应用

热风炉是人民生活和工业中最常见的能量转化设备，其将常规能源的化学能或电能转化为热能，能量以热风的形式供应给相应设备，常用于干燥机、烘干机、成型机和采暖等。在工业生产中，热风炉通常以煤作为主要能源燃料。随着煤炭资源的日益短缺，世界各国大力开展和创新生物质燃烧利用技术，以解决今后能源危机带来的各种问题。由于煤的热值高，挥发分少，因此，煤炉的结构相对简单。采用生物质燃料的热风炉开辟了新的能源，但由于燃烧过程的复杂性，燃烧的充分性和防止产生生物质燃料焦油的排放非常重要。生物质颗粒燃料与煤炭燃料相比，具有含碳量低、热值低、挥发分高、含氧量高、灰分较低等特性。因此，在设计生物质颗粒燃烧机时，不能完全参考燃煤锅炉的结构特点。生物质燃料燃烧时间短，易着火，需要采用拦火措施防止送料机内的燃料着火。生物质颗粒燃料特有的燃烧特性决定了生物质颗粒燃烧机的结构、燃烧方式和进料机的送料方式。目前，市场上现有的生物质热风炉在结构上基本类似或相同，但在结构上存在以下缺陷：（1）因为热风炉炉排固定不动，生物质燃烧过程容易出现燃料结焦的问题；（2）由于热风炉本身的炉膛结构简单，只有一个独立的炉膛结构，整个燃烧过程都在一个炉膛中完成，且传统的热风炉底部采用自然通风，通风对提高燃烧率没有实质影响，且投料方式为塞入式，生物质燃料到达燃烧的时间较长，燃烧不充分，热效率低，且燃烧时出现黑烟，烟尘量大，严重污染环境；（3）由于热风炉本身结构不含有自动排灰功能，生物质燃烧后在炉底积攒的灰尘要靠人工掏出炉外，工人劳动强度大，操作不方便；（4）由于热风炉结构本身存在缺陷，换热管内壁经常积灰，影响传热效果，热利用率低；加之换热管不像锅炉的换热管一样由水换热，热风炉通过空气换热系数比锅炉低，所以普通的碳钢换热管容易烧坏，换热管使用寿命短。

一、锅炉结构设计与研究

（一）生物质高效传热节能热风炉的结构样式

为了弥补上述现有技术的不足，通过结构改进及引进自动控制设备，研究发明出一种生物质燃烧不易结焦、燃料燃烧充分、热效率高及操作简单、方便的生物质高效传热节能热风炉。

发明的生物质高效传热节能热风炉包括炉体、炉膛组件、炉门组件、炉箅组件、给料组件、换热组件、烟道组件、鼓风机、冷风进口、烟囱出口和热风出口。所述炉体内下部设有炉膛组件，炉膛组件包括上炉膛、中炉膛和下炉膛，炉膛周边设有保温层，上炉膛周边的保温层内同时设有耐高温层。上炉膛上方设有燃尽室，上炉膛一侧炉体上安装有炉门组件；下炉膛一侧炉体上自下而上依次设有一次进风调节口和二、三次进风调节口。与一次进风调节口对应，在下炉膛外表面上设置有一次进风口；与二、三次进风调节口对应，分别在下炉膛和中炉膛外表面上设置有二次进风口和三次切向进风口。炉膛组件下部设有炉箅组件；炉体内、炉膛组件上方设有换热组件；炉体内、换热组件上方设有烟道组件；炉体的炉顶板上设有与烟道组件连通的烟囱出口；炉体一侧设有给料组件，给料组件的出料口与炉膛组件的上炉膛连通；炉体的一侧设置有鼓风机，鼓风机的出风接口与炉体上部一侧的冷风进口由管道连接，冷风进口正对换热组件；相对于冷风进口，在炉体的另一侧设有热风出口；炉体内、炉箅组件下方设有倒锥形积灰槽；在炉体内、炉膛组件的一侧连通设有倒锥形二三回程落灰膛。所述积灰槽和二三回程落灰膛底部同时设有自动排灰装置；所述炉箅组件含有炉箅转动机构；所述换热组件的换热管内设有自动除灰装置。

炉体包括双层炉顶板和炉体框架，双层炉顶板和炉体框架内设有保温层。一次进风口为圆周向均布排列在下炉膛外表面上的多个进风通孔；三次切向进风口为上下两层与中炉膛外表面切线方向呈45°夹角的多个切向进风通孔。

自动除灰装置包括安装在每个换热管内的除尘弹簧，除尘弹簧上端钩挂在多排弹簧钩片上，弹簧钩片的两端固定有悬臂，悬臂的两侧通过铰接的连杆及连杆座铰接在炉体框架上。悬臂上安装有桥架，桥架中部横向贯穿安装有传动轴；传动轴的两端通过传动轴座和传动轴尾座固定安装在炉体框架和烟道组件上，传动轴一端伸出炉体，伸出端末端连接有电机。多排弹簧钩片之间通过筋条固定连接；传动轴贯穿烟道组件，传动轴的中部通过转块和挡片固定在烟道组件上。

（二）生物质高效传热节能热风炉的工作原理

在炉体一侧设置自动送料装置，便于将生物质燃料自动送到炉膛内；在炉膛内设置有可转动的炉排，以防止燃料结焦；燃烧的余灰由炉箅下方的扫灰板扫至积灰槽，在积灰槽下侧设置一个自动排灰装置，将灰自动排出室外；燃料在炉膛燃烧室内经过三次配风后，又在燃尽室内充分完全燃烧；燃烧的热量及烟气经过不锈钢三回程换热器排出炉外，换热管内设置弹簧，能自动除灰，在炉旁设置鼓风机把换热管的热量带走。

二、生物质高效传热节能热风炉的优点

所述炉箅组件含有炉箅转动机构，炉箅由不锈钢材料制成并且时刻转动，解决了固定炉排不动、燃料结焦的问题；上炉膛上方设有燃尽室，下炉膛上设有一次进风口和二、三次进风口，保证生物质燃料完全燃烧，且燃烧时无黑烟，利于环保；积灰槽和二三回程落灰膛底部同时设有自动排灰装置，且炉箅下面设有扫灰板将炉箅落下的灰扫入积灰槽中，由螺旋组件把灰排到炉外，实现了自动排灰，操作简单、方便，降低了工人劳动强度；换热组件的换热管内设有自动除灰装置，解决传统热风炉换热管不能自动除灰的问题，提高了传热效果及热利用率。

换热管采用不锈钢材料制成，相对于传统热风炉换热管采用碳钢材料容易烧坏，提高了换热管的使用寿命；烟道组件分设有烟道弯管及耐火层和内烟道，以及含有分烟闸板和分烟调节杆。这样一来，当用户需要的热风不是纯净的热风时可以通过烟道组件利用一部分烟气，进一步提高热

风炉的热利用率；炉体框架内设有保温层，炉膛周边设有保温层和耐高温层，炉门内外层钢板内设保温层，炉门内表面设有耐高温层等，有助于提高热利用率。

综上，该生物质高效传热节能热风炉生物质燃烧不易结焦，燃料燃烧充分，热效率高，且操作简单、方便，换热管使用寿命提高，应广泛推广实施。

第七章　相变储能在供暖中的应用

第一节　相变储能概述

一、储能与相变储能

在能源短缺和环境污染问题日益加重的形势下，提高煤炭、石油、天然气等化石能源的利用效率以及开发利用新能源，具有重要的现实意义。目前，电力需求昼夜负荷变化较大，易形成巨大的峰谷差，峰期用电紧张，谷期电量过剩，造成能源浪费。另一方面，太阳能、风能及海洋能等新能源和可再生能源发电方式受时间和空间等客观条件的影响，如昼夜、地理位置或者气候条件等的变化会造成发电的不连续，间断的发电方式和持续性用电的需求存在供与求的矛盾；在太阳能的直接热利用方面，如生活热水的需求在时间上有一定的集中性，也容易出现供与求的矛盾；工业余热的回收利用过程，同样也存在能量供求在时间和空间上不匹配的问题。因此，就需要对能量进行储存，即储能。

储能是指采用一定的方法，通过一定的介质或装置，把某种形式的能址直接储存或者转换成另外一种形式的能量储存起来，在需要的时候再以特定形式的能量释放出来。目前，与人类活动密切联系的储能方式主要有热能和电能的储存（储热和储电）。储热有显热储能、潜热储能和热化学储能三种。由于电能是过程性能源，不能直接储存，一般通过化学能、机械能或电磁能的形式储存。

潜热储能是利用相变储能材料在发生物相变化时能够吸收或释放大量潜热的特点，将热量储存起来，也称相变储能或相变蓄能。相变储能的主要优点是储能过程中相变储能材料的温度几乎保持不变或变化很小、储能密度高、体积小等。物质的相变通常有固—固、固—液、固—气和液—气四种形式。其中，固—气和液—气这两种方式虽然具有较高的相变潜热，但是相变前后物质的体积变化很大，利用难度较大，在实际应用中很少使用。固—固相变是指材料从一种晶体状态转变至另外一种状态，这一过程中可吸收或释放潜热，固—固相变具有体积变化小和过冷度小的优点，但这种相变方式的潜热通常要比其他三种相变方式小很多。固—液相变发生相变时，相变前后体积变化较固—气和液—气小，且相变潜热一般比固—固相变大。因此，目前相变储能的研究和应用，均主要集中在固—液相变方面。

二、相变储能材料

相变储能材料在储能过程中，其能量的变化可通过自由能差来表达。

$$\Delta G = \Delta H - T_m \Delta S \tag{7-1}$$

式中，G 为吉布斯自由能；H 为焓；T_m 为相变温度；S 为熵。

当达到平衡时 $\Delta G=0$，此时 $\Delta H=T_m \Delta S$，ΔH 称之为相变潜热或相变熵。潜热的大小与相变材料及其相变的状态有关，当相变材料的质量增大时，相变材料在相变时所吸收或放出的热量为式 7–2 所示。

$$Q = m \Delta H \tag{7-2}$$

目前可用于相变储能的材料种类较多，按照材料相变温度的不同可分为低温相变材料、中温相变材料和高温相变材料。按照材料化学组分不同可分为有机相变材料、无机相变材料。有机相变材料大部分用于中低温领域，无机相变材料大多用于中高温领域。下面主要介绍几类常见的相变储能材料。

（一）有机相变材料

有机相变材料主要有石蜡类、醇类、脂肪酸类、高级脂肪烃类、多羟基碳酸类、聚醚类、芳香酮类等。有机相变材料一般具有成本比较低、稳定性好、无腐蚀性、无过冷和相分离现象等优点。但有机相变材料也存在储热密度较低、导热性能较差的缺点。

有机相变材料中石蜡类应用最为广泛。石蜡为直链烷烃的混合物，其分子通式为 C_nH_{2n+2}。石蜡的相变温度与烷烃混合物的类型相关，石蜡的相

变温度随着烷烃碳链的碳原子数的增加而提高。除石蜡类外，脂肪酸类和醇类也常用于相变储能。脂肪酸类的分子通式为 CnH2n+1COOH，主要有月桂酸、硬脂酸和棕榈酸等。醇类根据分子中羟基的数目可分为一元醇、二元醇和多元醇。有机相变材料具有较强的化学稳定性，并且无相分离和过冷现象，但是它的热导率较低，导致储热效率不高，在应用时一般需要对传热过程进行强化。

（二）无机水合盐

无机水合盐的相变原理与有机物相变材料有所不同，它是通过在加热过程中水合盐脱出结晶水和冷却过程中无机盐与水结合的过程来实现热量的储存和释放。

无机水合盐主要包含硫酸盐、硝酸盐、醋酸盐、磷酸盐和卤化盐等盐类的水合物，无机水合盐具有成本较低、熔点固定、相变潜热大等优点，且导热性能一般优于有机类相变材料。但是无机水合盐也存在相分离和易过冷的缺点。相分离是在无机水合盐发生多次相变以后无机盐和水分离的现象，致使部分与水不相溶的盐类沉于底部，不再与水相结合，从而形成相分离的现象。相分离的产生使无机水合盐在储能过程的稳定性较差，从而导致储能效率降低，使用寿命缩短。为解决相分离的问题，一般在无机水合盐相变材料中添加防相分离剂，常用的防相分离剂有晶体结构改变剂、增稠剂等。过冷现象是指液体冷凝到该压力下液体的凝固点时仍不凝固，需要继续降温才开始凝固的现象。过冷现象与液体的性质、纯度和冷却速度等有关，过冷现象使相变温度发生波动，一般在液体中添加防过冷剂来防止过冷现象的发生。

常用于相变储能的无机水合盐主要有六水合氯化钙、十水合硫酸钠、五水合硫代硫酸钠、十二水合磷酸氢二钠以及十水合碳酸钠等。

（三）熔盐

熔盐主要有氟化盐、氯化物、硝酸盐、碳酸盐和硫酸盐等，常用于中高温热能的储存。其主要特点是温度使用范围广、沸点高、高温下的蒸气压较低、单位体积的储热密度大、黏度低、热稳定性强，具有相变潜热大、导热系数高和温度范围广等特点。但是在实际的应用中，很少利用单一熔盐作为储能材料，一般会将二元、三元无机盐混合共晶形成混合熔盐。混合熔盐的熔化热较大，熔化前后的体积变化较小，且可通过调整混合盐的种类和比例来调整所需要的熔融温度。

（四）相变微 / 纳胶囊

相变材料在发生固液相变时，由于液态时具有流动性，容易发生泄漏，易对环境造成一定的危害。此外，有些相变材料具有腐蚀性，易腐蚀容器、管道等，为解决上述问题，可对相变材料进行封装，制成相变材料胶囊。

相变材料胶囊是在囊芯中包裹相变材料的“容器”，相变材料的胶囊化实现了相变材料的固态化，不仅可增加相变材料稳定性，也能够提高相变材料的传热效率，同时便于相变材料的使用、储存和运输。相变材料胶囊主要由芯材和壁材两部分组成，其中芯材为相变材料，壁材一般为聚合物或者无机材料。相变材料胶囊外形一般呈球形、椭圆形、管状或其他不规则的形状；结构一般为单核、多核、单壁或者多壁等。此外，按照相变材料胶囊的粒径不同，还可分为：相变材料纳胶囊、相变材料微胶囊、相变材料大胶囊。胶囊的粒径小于 1 μm 的称为纳胶囊，粒径范围在 1 ～ 1000 μm 之间的称为微胶囊，粒径大于 1 mm 的称为大胶囊。

相变微 / 纳胶囊能够使包裹在其中的相变材料在发生相变过程时，不受外界的损害，特别是对于一些性质不稳定或对环境敏感的相变材料效果更好。胶囊化的相变材料除了上述的优点外，还具有如下的优点。

（1）增大了接触面积。

（2）解决了相变材料在液化过程中泄漏的问题。

（3）实现了相变材料的固态化，使得其在使用、运输和储存过程中更加方便。

（4）降低了相变材料的挥发性。

（5）避免了相变材料的体积变化。

（6）延长了相变材料的使用寿命。

由于具有上述特性，相变胶囊在建筑节能、纺织和潜热型功能热流体等领域应用较多。

（五）潜热型功能热流体

潜热型功能热流体主要分为两种：相变乳状液和相变微/纳胶囊悬浮液。相变乳液是通过机械搅拌将相变材料直接分散在含有乳化剂的热流体中，形成热力学稳定的分散体系。常见的有油/水型相变乳液，其组成成分一般为水、油和表面活性剂等。由于相变乳液中的相变材料存在相变潜热，因此与水作热流体相比具有载能密度大的优点，尽管存在黏度增大的问题，但在输送相同热量情况下仍可节约大量的泵耗。相变微/纳胶囊悬浮液是将相变微/纳胶囊材料均匀分散到传统单相传热流体中作为潜热型功能热流体。由于相变胶囊的存在，该流体具有较大的表观比热容，同时两相间的对流也可显著增加流体与管壁间的传热能力，是一种集传热与储热于一体的一种新型传热流体。悬浮液的性能主要取决于相变微/纳胶囊的性能，用于传热流体中的相变微/纳胶囊一般要求具备颗粒均匀、柔韧好、机械强度高、渗透性低等性能。而相变微/纳胶囊的性能主要受粒径、分布、壁材和芯材性质等因素影响。

三、相变材料的基本物性

相变材料的种类繁多，不同的相变材料具有不同的理化特性，如不同的相变材料之间其相变潜热、相变温度、导热系数、形貌特征等性能各有差异。相变潜热能够反映出相变材料蓄热能力的大小，相变材料的相变潜热越大，则蓄热能力越强，在储能领域的应用中也就越受欢迎。相变温度则决定了相变材料的应用范围，合理的相变温度不仅能够提高系统的可靠性，还能够提高系统的整体效率。导热系数反映了热量在相变材料内部传输速度，在不同的应用场合，对导热系数的要求也有所不同。在热能存储利用领域，导热系数越大，储热速度越快，则储热系统的效率也就越高；而在保温领域，则需要相变材料的导热系数低，以降低热量扩散速度。相变材料的形貌特征在储能领域的应用中也是十分重要的，尤其对于复合相变材料和胶囊相变材料，形貌特征决定了相变材料的应用场所。对于无机相变材料，其过冷度、腐蚀性、稳定性也是十分重要的物性参数。因此，相变材料的形貌、结构、相变温度、相变潜热、导热系数、热 / 化学稳定性等进行测试与表征在其储能应用中至关重要。

有机类相变材料的相变温度基本集中在 200 ℃以下，主要用于中低温储热领域，石蜡类和脂肪酸的相变潜热通常在 200 kJ/L 以下，糖醇类的相变潜热分布在 200 ～ 500 kJ/L 之间。与有机类相比，无机相变材料大都具有更高的熔化温度和相变潜热，例如部分氟化物类的熔化温度高达 900 ℃，相变潜热达到 1000 kJ/L，适合高品位热能的储存。

一般说来，有机相变材料的相变温度及相变潜热随着碳链的增长而增大。有时为了得到合适的相变温度和相变潜热，可改变有机物碳链的链长从而改变其相变温度和相变潜热，或将几种有机物复合形成多组分有机相变材料，或将有机物与无机物复合形成多元复合相变材料，从而拓宽其使用范围。

绝大多数的相变材料存在导热系数过低的问题，使蓄热系统的传热性能较差，储热和释热时间较长，进而降低了系统的热效率。相变材料的基本物性决定了相变材料的应用范围和应用效率，因此物性参数的测试和表征对提高相变材料的传热性能至关重要。为了拓宽相变材料的使用范围，相变材料相变潜热的提高、相变温度的调控、导热性能的强化、微 / 纳胶囊结构相变材料的制备与性能表征等一直是研究的重点和热点。

第二节　相变储能的应用方式

相变储能技术可以解决能量在时间、空间和强度上供求不匹配问题，是提高能源利用率的有效途径。目前，相变储能技术已广泛应用于太阳能热发电、工业余热回收、建筑节能、电力调峰、电子器件热管理等领域。

一、太阳能热发电

相变储能技术在太阳能热发电领域应用主要是利用高温相变材料对太阳热能进行大规模存储，以维持发电站能在太阳能欠缺时段持续稳定运行。1997 年美国在加利福尼亚建成了机组功率为 105 MW 的 Solar Two 太阳能热发电站，并选用硝酸共晶熔盐作为蓄热介质，热熔盐储存罐和冷熔盐储存罐的设计温度分别为 565 ℃和 290 ℃，该系统的熔盐的热存储量为 105 MW·h·t，在没有太阳能辐射的情况下，仍可供汽轮机连续满负荷运行 3 h，并且该系统运行几个月后熔盐的热损失也只有 6%，表现出良好的稳定性。2011 年，位于西班牙的 Gemasolar 太阳能电站成为世界上首个能够持续运行 24 h 发电的太阳能发电厂，该电站采用了熔盐储能技术，其储能材料主要是 KNO_3 和 $NaNO_3$。新月沙丘太阳能热发电站位于美国内华达州，是美国第一个大规模采用熔盐塔式光热发电技术的电站，也是全球最大的熔盐塔式项目，该电站于 2015 年 10 月正式投运，其装机容量为 110 MW。新月沙丘太阳能热发电站采用 Solar Reserve 公司领先的熔盐储热技术，通过上万套定日镜将阳光反射到中央吸热塔，在塔内光能聚集将熔盐加热到 566 ℃左右，并利用熔盐的高储热性能可在没有太阳光照情况下电站仍可持续运行 10 h，其年发电量是装机容量相同的光伏电站或非储热型水工质光热电站的两倍之多。在国内，2016 年 8 月，我国首座具备规模化储能的塔式光热电站在青海成功投运，装机容量 10 MW，采用双储罐结构，以二元硝酸盐作为介质，利用熔盐相变材料进行储热，能够实现光热电站的连续、稳定发电。

二、工业余热回收

在工业生产中，电厂的烟气余热和蒸汽余热、冶金厂的废渣废料余热等工业余热也具有周期性、间断性和波动性的特点。因此，采用相变储能技术将余热进行回收再利用，能有效解决供与求的不均衡问题。工业余热中烟气、蒸汽等余热的回收大多采用相变式蓄热器进行热能的储存，然后进行热能的再利用。

在国内，某节能工程有限公司开发的 LYQ 型相变换热器应用在锅炉烟道后，烟气温度由 183 ℃下降至 107 ℃，同时回收的热量用于加热锅炉补水，可将水温由 12 ℃提高到 45 ℃，余热使水温提高了 33 ℃。国内某移动供热有限公司利用高性能稀土相变蓄热材料 HECM-WD03 和蓄热元件，将工业废热、余热回收，并及时运输到用户所在地，通过热交换使用户获得热量，经过鉴定中心节能量认证，每台移动蓄能供热设备平均每年可节煤 600 t，在移动供热设备的使用过程中，即可达到为耗能单位节能减排的效果，同时还可以减少一次性能源的消耗。在国外，德国的 Trans Heat 公司研究并试制了带有内部换热器的直接式相变蓄热器，其单个蓄热器的供热能力可达 2.5 ～ 3.8 MW・h。另外，德国的 Alfred Schneider 公司采用醋酸钠为相变蓄热材料，设计了供热能力为 2.4 MW・h 的间接式蓄热器，具有很好的经济价值。

三、建筑节能

相变储能技术在建筑节能中的应用主要是通过相变材料与传统的建筑材料相结合，存储建筑在使用过程中空调制冷产生的过余冷量、采暖产生的过余热量或自然能源（太阳能）等，当建筑室内温度过高或过低时，再将相变材料中储存的冷量或热量释放出，从而降低建筑的能耗，可对建筑起到显著的节能效果，同时也能够保证建筑室内的温度舒适度。

目前相变材料在建筑节能中的主要应用形式是将相变材料封装后嵌入

建筑的围护结构中，如石膏板、墙面、地板、砖、混凝土或保温材料中。封装方式有直接混合，宏观封装，微观封装以及定型相变材料封装等，其中宏观封装方式应用较广，包括板间空隙填充封装（将相变材料放入到聚氨酯板，聚乙烯板或其他建筑板材的板间空隙中）、玻璃容器封装（用玻璃容器封装相变材料，然后作为整体嵌入到建筑墙体中）、高分子材料封装（用聚烯烃等高分子材料将相变材料封装于类似砖块的构造内）及钢质胶囊填入多孔砖封装（钢质胶囊填入多孔砖封装将相变材料充入钢质胶囊内，再将该胶囊放入多孔砖的孔洞内）。

四、电力调峰

随着我国经济的飞速发展和人民生活水平的不断提高，用电量也在不断增加的同时也导致我国电力负荷峰谷相差加大，这种现象造成的结果就是白天用电高峰期电厂机组满负荷运行，但是到了夜晚用电低谷期就会造成电力的浪费或者发电厂机组低负荷运行，甚至部分发电厂机组停运，造成发电厂发电效率低下，导致发电系统综合效率较低。基于相变储能的电力调峰技术主要是将低谷期的电能以热量或冷量形式储存起来，在电网高峰期直接使用，可在很大程度上降低电力负荷的峰谷差，因而得到了广泛的工程应用，取得了不错的经济效益和环保价值。

五、电子器件热管理

电子器件的散热成为电子工业发展亟待解决的关键问题之一。相变材料热管理技术是利用相变材料较大的潜热来吸收电子器件在工作时散发的热量，并使电子器件的温度维持在相变材料的相变温度附近，使温度控制在电子器件工作的最佳温度范围，从而保证电子器件工作的稳定性，并且延长了电子器件的工作寿命。相变材料热管理技术因其热管理装置重量轻、性能可靠、设置灵活和不耗能等优点，在手机、计算机以及大功率电子元器件装置中应用广泛。

第三节 相变储能在供暖中的应用分析

一、已有的建筑节能技术研究

（一）建筑节能基本技术

1. 建筑节能概述

由于建筑的使用能耗远远大于建筑建造的能耗，因此目前许多发达国家仅仅注重于建筑的使用能耗，这是很有道理的。我国建筑节能的指标也是国际通行的标准。但是，我国国情特殊，人口众多，越来越多的建筑投入建设，所以根据我国实际情况，对建造能耗也有许多要求。中华人民共和国国家标准《公共建筑节能设计标准》GB 50189—2005 于 2005 年 7 月 1 日得以实施，说明中国公共建筑能量使用基本上存在于建筑围护架构、采暖与照明等领域，所以为了削弱建筑能源使用量一定要加大对建筑围护架构的保温处理方式，提高空气调节设备系统和采暖通风的能效比，提高照明设备的效率等。依据统计的有关数据：一致的生态指标内，与没有按照规范运用节能方式的建筑进行比较，运用建筑能耗科学规划的建筑物使用的能量能够减少 50%。具体来看：空调采暖系统分担节能率约 22% ～ 18%，围护结构分担节能率约 28% ～ 15%，照明设备分担节能率约 7% ～ 18%。由此可见，采取建筑节能设计能够明显的提升节能成效，所以，《公共建筑节能设计标准》是当前中国对建筑进行节能规划的重要标准。

有关建筑节能资料显示：在外界环境不发生变化条件下，围护结构的传热系数每增大 1 W/（$m^2 \cdot K$），空调系统的总体负荷增加 30%，因此，建筑设计节能是否取得效果关键在于建筑外围架构温度平衡水平，中国《民用建筑供暖通风与空气调节设计规范》明确指出了空调建筑外围的热量传

输指标，其中舒适空调最大传热系数范围是 0.9 ～ 1.3。根据上述可知：建筑外围架构的节能规划构成建筑外部规划的重要内容。

总之，新型复合墙体围护结构材料等建筑节能环保型材料的大量使用均可大大减少建筑与外围的传热速度，从而减少建筑内的能源损失。

2. 国外的建筑节能发展状况

在发达地区很早以前就注重了建筑节能，其发展也是很迅速的。保温隔热技术就是其发展的主要方向，因为保温隔热技术能在很大程度上降低建筑能耗，达到节能的目的。在建筑建设初期，首先是材料的选取，所选材料要达到国家标准，不影响人们的正常生活，对环境友好。目前美国和日本等国家对节能材料的研究已经有了很成熟的技术，比如建筑建设中使用空心的墙体材料砖以及加气混凝土板材。如今，英国科学家发明由玻璃纤维材料作外表层的防风防雨的屋面结构，与四个边缘的泡沫塑料做的隔热层结合在一起；日本西村产业公司发明了高档的热屋瓦，形成了强度和热量阻隔功能都比较好的瓦材料。许多国家应用太阳能反射涂料，将这种材料用于屋顶，反射直接照射来的太阳能，从而减少进入室内的辐射能，有效避免了室内温度的剧烈升高，为居民制造一个良好的生活环境。

3. 我国的建筑围护结构节能技术

现在，要想达到节能的标准，中国民间运用节能规划要求大大提高。其中对围护结构的保温要求也普遍提高。当前我国普遍采用墙体隔热保温技术。该技术分为如下三方面：外墙外保温技术；内隔热保温技术和夹芯复合隔热保温技术。中国建筑基本上运用的让温度维持在稳定水平与对热量进行阻隔操作的技术是在外墙进行保温。有关调查数据显示，现在中国能够采用的这一技术集中在下列：将灰涂抹在膨胀聚苯乙烯板加薄层上且运用玻璃纤维加以强化；运用挤塑聚苯乙烯作为墙体、运用单面钢架网架聚苯板与膏料对外墙进行温度保持操作。现在，在建筑外墙外部的温度保持物料逐渐使用保温膏。这种材料施工方便，易于操作，不污染环境，工艺性好。这几种方法的选取是根据具体建筑位置、建筑功能以及造价而进行应用的。

（二）我国现有的墙体保温技术应用存在的问题

1. 传统的建筑节能材料难以满足国内建筑节能的需求

我国的墙体保温技术有许多成就，比如在混凝土模板内放一块保温板体系、将灰涂抹在聚苯乙烯泡沫塑料板外部、使用保温板与胶粉聚苯颗粒涂抹在墙体外部，而且前三类架构水平在中国建筑外墙保温项目所占的比重是 70%。但是，传统的建筑节能材料一方面保温效果较差的同时也无法满足人们对环境温度舒适度的要求；另一方面，其无法从根本上防止能量流失。当前，国内现代高层建筑物越来越多，其迫切需要围护结构材料的轻质化，而传统的建筑节能材料密度大、热容小，这不仅会影响到建筑室内热环境，而且还大大增加了高层建筑的维修成本。因此开发新型高效的建筑节能产品是建筑材料节能设计领域亟待解决的问题。

2. 现有建筑围护结构蓄热能力不足

建筑围护架构蓄热水平是评价建筑节能成效的关键标准。蓄热水平高，可以使室内温度波动小，人们生活舒适，也就降低了保暖和空调负荷，达到了节能的目的。而目前我国使用的围护结构材料，大都是阻止了热量的传递，减少室内热量的散失，而不是将外界热量收集起来，在需要的时候再释放。现在广泛使用的外墙外保温技术，仅仅把墙体包围起来，从而降低墙体的传热系数，减少传热量。这对于室内环境来讲，并没有与外界进行热量交换，这样的做法会导致室内空气不流通，降低人们的舒适度，这并不是节约利用能源的好方法。

二、相变建筑材料在建筑节能领域中应用的可行性分析

（一）相变材料的应用领域及建筑节能意义

相变材料的应用领域非常广泛，作为一种能量存储器，其在节能温度控制等领域有很大的发展潜力。目前，对于相变材料的冷暖应用领域中主要从三方面入手：第一相变建筑相关的围护结构；第二空调的制冷系统；第三供暖蓄热系统。把相变材料加入到建筑材料中是国内外研究的热点。

相变节能维护结构利用了相变材料的蓄热性能，使得建筑物房间内的温度变化范围不大，房间的温度舒适度提高；同时，由于热流在室内传递的过程中会产生滞后的效果，而且其滞后相对于没有相变材料的维护结构明显要小一些，加上热流在传播过程中的波动不大，使得热流的损失很小，就对建筑物的负荷起到了减小的作用。若对于采暖房间而言，我们可以在低谷时利用相变墙体将热量储存起来，当遇到用电的高峰时期时，我们就将储存的热流进行释放，减小用电压力，对用电量起到缓解作用。因此，将复合相变蓄热材料应用与建筑墙体中时，不但可以降低建筑物的能耗，提高室内环境质量，还可减少空调、供暖等系统的成本和维护费用。

总之，相变材料所储存的能量主要来自于太阳能以及人类活动所产生的热能，可以有效避免能源的白白浪费。相变储能材料的使用，可以在用电低谷时储存能量，在用电峰值时释放能量，从而达到时间和空间上的迁移，这不仅节约了能源，降低供暖和空调系统的负荷，还保证了人们的日常生活的用电需要。由此看来，在未来我国的建筑建设中，相变材料将会得到广泛的应用，也应当得到重视。

（二）相变建筑材料在国内的可行性分析

1. 国内现有的相变建筑材料制备技术与成品

现在，对于相变建筑材料的制备方法的研究有很多种，但是比较成熟的方法只有三种：（1）作为贴面材料的一个部分，相变材料所具有的优点是拆卸和循环利用结构比较方便。（2）利用先进的封装技术，将相变材料进行封装，然后将装有相变材料的小球或者是粉末与建筑材料相互掺和，使得相变材料发挥其优势，这种方法的优点就是可以直接对相变材料加工成型，而且使用起来非常安全方便。（3）将相变材料进行融化，在相变材料融化之后再注入多孔的载体中，采用这种方式对相变材料进行运用。这种方法的优点是材料的结构比较简单，而且材料的性质很均匀，容易做出各种需要的建筑材料。

相变建筑材料的研究必然会促使其逐步运用到现实工程中，因此就使得相变建筑材料商业化。现在，运用到相变材料的产品有很多，比如石蜡、固—固相变材料、酯酸类等。而固—液相变材料的运用就比较狭窄，在建筑中运用起来比较困难，因为这种材料有液相出现，容易流动，需要一定的封装技术进行封装。但是，目前研究者对固—液相变材料进行了改进，制备出了定形相变材料。

目前，在国内的相变建筑材料的市场中，占据主要地位的还是被称为“自调温相变蓄能材料”的新型建材。在这些新型建材中，应用比较早的是来自北京的研究项目“FTC 自调相变蓄能材料”。该材料在国内一些工程的墙体保温中已小面积成功应用。

该材料突破了传统保温材料的局限性，既能阻断一个方向上的热量，还具有热熔性和热阻性这两大性质。现在比较流行的则是“RFT 自控相变保温材料”，其生产研发过程不仅取得了国家专利，还通过了专业的鉴定机构进行鉴定。同济大学正研发的纳米石墨相变储能复合材料产品还处于推广期，还没有被实际所运用。

2. 国内相变建筑材料制备的可行性分析

在材料的制作过程中，由于科学技术水平和新产品的研发的脚步不断前进，相变材料的存在形势也是几经周折，相变材料也已经实现固—液态和固—固态之间的转变。当前对于相变材料的载体，我们可以选择多孔材料来做相变材料载体。从经济和环保角度上来看，廉价、环保的 PCM 封装材料的广泛应用也为国内相变建筑材料的制备提供了方便。并且当前相变材料与建筑材料的结合工艺在很大程度上得到了改进，这就使得相变蓄热系统在很大程度上减少了成本的开支。由此我们不难看出，在相变建筑材料制备技术不断向前发展的过程中，使得其在建筑方面的应用也是越来越广泛。

（三）相变建筑材料用于建筑围护结构节能的可行性分析

1. 国内外的可行性研究成果

被动蓄能式和主动蓄能式是建筑围护结构蓄能的两种主要方式。由于外界温度或者是太阳辐射量发生了变化，就会产生相应的信号，来进行能

量的吸收或者释放，在这个过程中使能量得到了节约，这种原理就是被动蓄能式结构；而将采暖空调的末端与我们的相变材料结合在一起，通过相变材料的吸放热形式实现温度的调节与控制就是所谓的主动蓄能式结构。其国内外的可行性研究成果包括。

（1）被动蓄能式相变建筑围护结构的研究网

对于相变储能墙板的厚度与室内温度变化的关系，有学者做了专门的计算，同时也研究了各类构件热流量的变化情况。根据他们的计算结果我们可以知道，5 cm 的相变储能墙板相当于 23 cm 混凝土墙板，二者在热效果方面基本是一样的，要是能够在建筑南面墙体使用相变储能墙板，这样的效果是最好的。有研究人员发现，相变墙体的热舒适度比普通的墙体要高一些。有学者设计出来一种新的相变节能型墙体，这种新型墙体主要是将石蜡材料经过封装后嵌入在框架墙体中，其可以将日间的部分热负荷转移到夜间，维持室内温度相对稳定，减少屋内空调设备的启动次数。

（2）主动蓄能式相变建筑围护结构的研究

我们主要在地板采暖设备上开展这种研究。将定形相变材料与电缆加热的地板电材料相结合是由叶宏等人提出的，发现熔点在 32 ℃左右的定型相变材料是最佳的贮热材料，其能保证室内全天空气温度维持在 21 ～ 25 ℃，可使人体热舒适性极佳，所以，在实行昼夜电价分时制的地区该系统市场经济价值极大。还有学者通过在混合式供暖系统种中加入定形相变蓄能墙板进行使用和研究，得出了惊人的效果：在辅助热源系统的作用下，假如白天室温稳定的处于 18 ℃以上，在定形相变板的使用下，耗电量在平时和峰段时减小 47%，总能耗减小了 12%。同时，还有研究人员做了进一步的研究，以不同地区的环境气候为前提，建立各自的数学模型，将相变材料与建筑夜间通风系统相互结合起来。实验表明：此系统在我国成都、兰州、太原能满足房间舒适性要求；在我国广州该系统不可行。

2. 相变建筑材料节能的可行性分析

我国现行节能标准对墙体节能的措施通常采用增强建筑围护结构保温

隔热性能，具体来说是降低保温材料的导热系数，提高材料的节能率。我国发明的“自调温相变节能材料”就是按照这种原理发明的，根据可靠的测试结果表明：检测试样厚度 36 mm，纯相变材料潜热值为 241.44 J/g，传热系数为 0.51 W/（m^2·K），在气温较低的地方，比起 48 mm 挤塑板，这种材料厚 36 mm 的性能明显要好一些，达到节能 68% 的要求。这就证明这种产品是能够满足我国关于节能方面要求的。

（四）相变建筑材料应用于建筑围护结构的质量可行性分析

下面对于这种质量的可行性分析主要以“FTC 自调温相变节能材料”为例来进行分析，这种相变材料的组成部分是水镁石纤维和一些辅助材料。这种组合而成的相变材料的功能是对室内温度进行一定的调节。

1.FTC 自调温相变保温材料的质量检测

（1）检验依据

其检验的依据主要参照 GB/T 20473—2006 建筑保温砂浆和 Q/FTBQT006—2007FTC 自调温相变蓄能建筑材料这两种标准。

（2）当量导热系数的检测方法

① 制备：两个箱体主要是采用 50 mm 厚的 XPS 制成，一个 XPS 板外形尺寸 500 mm × 500 mm × 40 mm，另一个箱顶板规格为 500 mm × 500 mm × 40 mm 的 FTC 自调温相变节能材料，由这几样共同组成。

② 检测步骤：首先将两个箱体顶板盖好，置于（–10 ± 2）℃的环境，不少于 4 h；然后接通发热体电源，使箱内的温度慢慢上升并记录箱内温度，但是千万要注意的是箱内温度不能上升太快，当温度接近 50 ℃时保持两个小时。同时断掉电源停止加热，当箱体温度降至 –5 ℃时停止试验。其导热系数取作为箱顶板 XPS 板，分析两个箱体内空气温度从 50 ℃降至 –5 ℃的保温时间。

（3）检验结论

对于检查的结构，均是符合国家标准的要求，当量导热系数的监测结果也符合企业的相关标准。

（4）结果分析

FTC 自调温相变蓄能材料熔化焓较高和熔化温度范围比较小，在温度恒定的情况下，室内温度每降低一度时，就可以将这种温度维持 3 h 左右；当温度比 18 ℃低时，相变材料会发生状态的变化，由液态转化为固态，同时在这个过程中释放热量，以达到温度的稳定；当温度在 28 ℃以上时吸收热量，相变材料的状态由固态转化为液态，在这个过程中吸收热量，以保持温度的恒定。

2. 质量可行性分析

传统意义上来看，传统的外墙保温节能材料比如胶粉聚苯颗粒等，其在施工操作和使用过程中并不能保证其性能不会产生变化，通常都会发生性能折减的问题，比如渗水、开裂等问题。然而 FTC 材料却不易出现上述问题。FTC 材料在施工过程中的优势如下。

（1）工期

FTC 材料的施工工序手工抹制，保证了施工的进度，其材料密度为 38 kg/m^3，质量很轻，FTC 材料自身与基层材料黏合力较好。而且施工的时候必须快速，前两次的涂抹厚度都必须在 10 mm 以内。此外，FTC 材料构件基层处理方便快捷、简单，仅对混凝土结构表面抹 3 ～ 5 mm 厚界面剂即可。这是 FTC 材料在工期方面的优势，这不仅提高了施工速度，保证了施工工期，还避免了资源的浪费。

（2）质量

只要不是特殊的情况下 FTC 材料的导热系数是 0.028 W/（m^2·K）。抗压强度是 346 kPa，干表观密度是 358 kg/m^3，抗拉强度为 0.13 MPa，这种材料在燃烧时防火性能能够达到不燃的 A1 级。而且其拉伸强度和抗冲击的强度也是很大的，假如进行耐候性试验，得到的拉伸强度达到 0.34 MPa，其抗冲击的强度可以达到 3J 级。在实际施工过程中，FTC 材料与建筑基层之间及各个层此间黏结牢固，不脱层。另外，只要外材料一旦成型，其使用的过程中都不会因外部环境的变化而松散、同性、变形等现象，使得该材料的使用寿命进一步延长。

（3）安全

FTC 材料能够有效地应对负风压的现象，防止这种现象产生撕裂和脱落，其原因是因为这种材料与基底整体黏结牢固且随意、没有空鼓。在主体基地中的游离酸和相变这种材料中的有机物接触并反应之后产生的新的化合物，这种化合物容易渗入到墙体中去，形成共同体，保证了墙体的干态黏结。

综合上述优点来看：FTC 材料还具有以下特点：第一，潜热节能：相变材料可使室温夏天保持在不高于 28 ℃状态，可使空调使用率减少 46%；相变材料可使冬季室温不低于 18 ℃，可降低电采暖设备 35% 的电能。第二，安全可靠：使用相变材料的墙体可以大大增加墙体的承重能力，可以克服其他材料带来的弯扭、拉伸力等。相变材料载体具有硅氧四面体结构，在烘干成型后，即使在水中浸泡的条件下，也不会松散、变形，这样就能保证相变材料的长时间使用。第三，抗裂防潮：在相变材料凝固之后，其最终结构变成了纤维状的结构，而这种结构的优点就是拉伸力强、整体性强、不易产生裂纹等。并且能够使得外墙与保温层之间水分的释放，使其具有湿呼吸性。第四，吸声降噪：这种材料由于中间具有不相贯穿的中空结构，而且其层次众多，这就使得该结构具有很好的降噪性能，对减小振动源和撞击声波的传递具有很好的效果，能够减小城市噪音对人体健康的影响。第五，灭菌防毒：相变材料不仅具有驱虫和消毒的作用，还能够祛除异味，因为这种相变材料中含有纯天然香菇和香醇物质，这种特性使得相变此类对居住环境卫生的提高具有很好的效果。第六，绿色环保：相变蓄能节能材料是具有绿色环保的特点，因为这些材料经过严格检测，证明是无腐蚀、无污染、无任何毒害的。第七，防火不燃：相变材料具有阻燃性，其使用的范围相当广，符合建筑物对于防火的要求，而且这种材料经专项测试为 A 类不燃级材料。第八，施工简捷：建筑物有了保温层，就可以不再给基地抹灰，这样就不仅节约了物力，还节约了财力。总而言之，这种建筑材料的质量已经符合建筑材料应用标准。

第八章 采暖生态循环

第一节 能源利用与供暖

一、太阳能供暖途径与措施

我国目前北方地区建筑供暖能耗已经达到2.6亿吨标准煤/年，且随着我国城镇化的进一步发展以及人民生活水平的逐步提高，至2020年，我国建筑供暖能耗可能突破4.0亿吨标准煤/年。如果完全采用传统能源供应模式，势必进一步加重我国能源供需矛盾，恶化人居环境，阻碍可持续发展。结合我国北方地区丰富的太阳能资源，实施建筑供暖将为我国节能减排和低碳化发展提供重要途径。

（一）发展太阳能供暖的必要性

1. 缓解能源供需矛盾，保障国家能源安全

根据相关统计数据计算，目前我国建筑总能耗（不含生物质能）为6.7亿吨标准煤，占全国总能耗的20.9%；建筑商品能耗和生物质能共计8.16亿吨标准煤。其中，城乡建筑供暖能耗已达2.6亿吨标准煤，约占全国建筑总能耗的32%。如维持当前新建建筑面积的增长趋势和供暖能耗水平不变，至2020年全国城乡建筑供暖能耗将会突破4.0亿标煤。如果全部采用煤炭、天然气等不可再生能源供暖，这将会给我国能源供应体系带来巨大压力。

我国北方大部分地区处于太阳能热利用的Ⅰ～Ⅲ类地区，年日照时数达到2600小时以上，年累计太阳能辐射量达到5227 MJ/m^{2}以上，太阳能资源较为丰富。假设太阳能全年综合热利用效率为40%（一般太阳能低温热利用系统都能达到的效率），单位面积集热器的集热量约为70千克标准煤/年。假如能够通过太阳能替代10%的常规建筑采暖能源，每年即可减少常规能源消耗约3000万吨标准煤，节能潜力显著。

2. 降低污染排放，改善室内外人居环境

燃煤是我国建筑采暖的主要能源形式，也是大气环境污染的主要来源之一，尤其是广大农村地区采用的分散小煤炉采暖污染散发更为严重。根据我国目前建筑供暖总能耗推算，每年因供暖造成的二氧化碳排放可以达到 7.8 亿吨，SO_2 排放 338 万吨，NO_2 排放 182 万吨。其中，根据相关研究提供的全生命周期计算数据推算，供暖碳排放量已接近全国总量的 10%。如仍然维持当前的能源结构不变，随着建筑供暖能耗的进一步提高，由此产生的污染物排放量将可能进一步恶化我国室内外人居环境，进而引发一系列不良的连锁反应，最终阻碍我国的可持续化发展进程。

太阳能光热利用不涉及任何燃烧过程，是世界公认的清洁能源之一。根据其节能效果推算，每推广 1000 万平方米太阳能集热系统，较燃煤每年可减少排放 176.5 万吨 CO_2，2.2 万吨 SO_2，1.0 万吨 NO_2，1.7 万吨烟尘。

3. 突破太阳能光热利用行业瓶颈，升级绿色能源产业

根据我国建筑能耗总量计算，采暖是建筑能耗的最大组成部分，但目前绝大多数的太阳能热水系统仅用于提供生活热水，主动式太阳能建筑采暖除了在部分地区有些零星示范外，尚未形成真正的应用。另一方面，北方建筑的采暖能耗是生活热水能耗的十几倍甚至几十倍，即使利用太阳能解决 10% 的采暖能耗需求，每年太阳能集热器行业的产值就可以在现在的基础上翻番，由此还能带动储热装备、输配及末端利用设备企业的发展，太阳能光热利用甚至可能成为下一个产值达到万亿元级的行业。推动我国绿色能源产业的升级与发展。

此外，我国政府在哥本哈根会议上提出，至 2020 年单位 GDP 碳排放强度比 2005 年下降 40% ～ 45% 的目标。基于我国目前太阳能热水集热的高水平产业化基础，大力发展太阳能建筑供暖产业将成为推动绿色经济产业链快速发展与节能减排的双赢局面的重要途径。

（二）太阳能建筑供暖的特点和难点

尽管太阳能是替代传统化石能源的清洁能源，但由于其能源密度低、

强度不稳定、分布不均匀，而建筑供暖则要求必须再整个采暖期都要保证相对恒定的室内温度，因此需要与合理的辅助能源联合运行，或者加强太阳能储热能力。此外，太阳能建筑采暖绝不是生活热水系统简单地放大，而在系统设计、运行调节、储热、经济性等方面有更高的要求。

（1）太阳能供暖需要充足的空间用于布置集热系统。由于太阳能的能源密度低，需要有充足的空间摆放集热器，才能达到一定的供暖能力。此外，还需要避免周围环境或建筑物可能造成的遮挡。

（2）太阳能供暖对系统集成优化设计要求较高。一般来说，太阳能供暖系统包括集热系统、储热系统、辅助热源系统、控制系统等主要组成部分，系统组成较为复杂，各系统之间的合理匹配是决定系统能否正常高效运行的关键。

（3）太阳能供暖的地域性差别显著。由于地理位置、气象条件、自然资源和使用需求的不同，太阳能供暖的系统形式、辅助能源和控制模式也各不相同。不同地区适宜采用的太阳能供暖技术和设备形式也各不相同。

由于太阳能建筑采暖系统的上述特点和相关技术的应用现状，目前阶段国家应该重点组织攻克相关的技术难关，尤其在低成本太阳能集热储热和系统合理匹配方面，并进行一定程度的应用示范，及时总结相关的问题，制定合理的补贴机制和推广机制，为下一步技术的全面推广奠定基础。

（三）太阳能建筑供暖技术发展途径与建议

根据太阳能建筑供暖特点的分析，以及目前我国城乡地区在资源条件、经济水平、建筑形式和采暖需求等方面的显著差异，对太阳能建筑供暖技术研发及发展途径建议如下。

（1）针对广大农村地区，研发和推广低成本、易（免）维护的高效太阳能供暖系统，切实符合农村用户使用特点。农村地区在太阳能利用上具有得天独厚的优势。首先，农村住宅以单体建筑为主，且布局相对分散，为太阳能集热系统的布置提供了充足的空间。其次，农村生活方式与城市不同，在生活生产过程中需要频繁进出房间，调研数据显示，冬季室内温度控制在 10 ～ 15 ℃左右能更好地满足农村居民的需求。较低的室内温度，有利于提高太阳能集热效率。因此，农村地区更适宜作为太阳能建筑供暖的突破点，也将成为未来太阳能采暖应用的主要市场。

实测数据显示，太阳能采暖系统保证率为 20% ～ 35% 左右，供热季集热系统实际平均集热效率 30% 左右。存在的主要问题是系统初始投资较高，一般每户 2 ～ 4 万元，另外，太阳能热水采暖系统较为复杂，包括集热系统、储热系统、补热系统、控制系统等组成部分，后期维护量较大，包括更换破损集热管、水处理装置等，但在农村地区缺少售后服务体系，农村居民无法自行完成所有维护，最终影响系统的经济性和在农村用户中的口碑。

因此，在规范的售后服务体系建立之前，有必要研发和推广经济性好、易（免）维护的高效太阳能供暖系统，如太阳能空气采暖系统，以满足农村地区大量存在的“改善型”住宅的要求。太阳能空气采暖系统由于以空气而不是热水作为集热和采暖介质，其系统形式和控制简单，不存在冬季冻结的风险，系统容易进行维护，经济性明显优于热水采暖，缺点是其储热能力较差，系统运行时室温波动较大（但其温度波动范围在多数农村居民可以接受的范围内），夜间需要依靠其他辅助热源如火炕、火墙等进行采暖。根据实测数据显示，在极为寒冷的哈尔滨地区，太阳能空气集热系统的全天实际集热效率约 26.4%，在北京地区冬季典型日集热效率可达 30% ～ 40%。空气采暖系统由于无防冻问题，系统形式简单，初始投资低，后期维护量小，有可能在农村地区具有更广阔的应用前景。

（2）针对小城镇地区，研发和推广以太阳能供暖系统为主要功能的集成优化系统，实现高效太阳能建筑一体化。小城镇地区建筑形式多样，但多数以数百或数千平方米的小型建筑为主，建筑本体有较为充足的太阳能集热面摆放位置，且建筑密度不高，不存在严重的建筑互遮挡以及自遮挡问题。充分利用建筑南向立面以及屋顶区域可以有效替代部分建筑传统能源消耗。由于建筑使用功能的多样化，太阳能供暖技术解决途径也不尽相同。例如，针对以白天使用为主的办公类建筑、商场、学校等，可采用

“太阳能空气集热系统＋热泵补热系统”，针对以全天使用或以夜间使用为主的酒店、住宅、医院等建筑，可以考虑“太阳能热水采暖系统＋热泵补热系统”。在此基础上，为了能够尽可能提高太阳能系统的经济性，除了考虑建筑采暖需求外，在条件允许的情况下，还应适当考虑建筑内其他能耗需求，通过合理的系统设计，最大程度提高太阳能在整栋建筑中的能源贡献比例。例如，针对一些冬季有供暖需求，夏季有制冷需求的建筑，还可以考虑“太阳能锅炉＋溴化锂制冷系统”，实现太阳能热利用系统的全年综合利用。

在北京市怀柔区某小学的建筑一体化太阳能热水采暖示范系统中，其供热建筑面积 120 m^2，采用了 18 m^2 屋顶平板式热水集热器和 9 m^2 被动式空气集热墙（初期示范工程，上述设计参数未经优化），补热系统为超低温空气源热泵，系统工作时间为 6：00 至 16：00。实际运行测试结果显示，由于无夜间采暖需求，该系统集热效率为 36.2%，太阳能贡献率约为 43.9%。

从目前太阳能技术发展角度来看，中低温集热、短期储热、末端利用设备等核心关键部件技术发展相对成熟，但系统整体集成优化水平不高，且缺乏合理的评价体系，常造成系统节能效果不明显、经济性欠佳等问题，在一定程度上阻碍了太阳能光热利用在小型建筑中的推广应用。因而，针对不同使用功能建筑，建立基于终端实际使用效果的太阳能热利用评价体系及设计方法，进而建立实用性强的设计图集、标准体系等，从而真正实现高效的太阳能建筑一体化。

（3）针对高密度城区建筑，在有条件的地方设立集中型太阳能辅助供热站，打造区域能源清洁中心。

城市高密度建筑附近一般没有摆放大量太阳能集热器的空间，此外建筑之间互遮挡以及建筑本体自遮挡严重，因此利用太阳能进行建筑采暖有很大难度。在一些有条件的地区，可以考虑建立集中型太阳能辅助供热站，将太阳能和其他形式的辅助热源相结合，形成稳定的区域能源中心。例如，建立与工业余热耦合的太阳能集中型热站。另外，基于太阳能热发电技术，建立“太阳能热电站”，通过系统合理设计，有效回收太阳能热发电余热用于周边城区供热，不仅可以形成高效太阳能梯级热利用，还可以有效降低太阳能热发电成本，对后期我国发展新型太阳能热力系统具有开创意义。

集中型太阳能热站技术在全球内仍属于前沿技术，在我国基本处于空白领域，对整个系统中涉及的关键技术问题尚未攻克，如大规模长周期储热技术、太阳能与工业余热高效耦合利用技术、大中型太阳能供热中心集成与结构优化技术、能源中心安全控制技术、低热损长距离输送技术等。因此，目前集中型热站的发展仍应以科技攻关为主，尽快解决集中型热站的关键技术问题，为未来新型供热技术的推广奠定基础。

二、风能与供暖

（一）风力热转换方法简介

风力制热有四种转换方法。一是通过风力发电，再将电能通过电阻丝发热，变成电能。由于风能转换成电能的效率较低，所以并不实用。二是由风力机带动离心压缩机，将风能转换成空气压缩能，再转换为热能。三是将风力机直接转换成热能。四是利用涡流电将风能转换成热能。在四种转换方法中，直接转换法效率最高。直接转换法中，以液体搅拌致热、固体摩擦致热、挤压液体制热、涡电流法制热和压缩空气制热的技术最为常用。

液体搅拌致热，是在风力机的转轴上连接一搅拌转子，转子上装有叶片，将搅拌转子置于装满液体的搅拌罐内，罐的内壁为定子，也装有叶片，当转子带动叶片转动时，液体就在定子与叶片之间作涡流运行，并不断撞击叶片，如此慢慢使液体变热，就能得到所需要的热能。这种方法可以在任何风速下运行，比较安全方便，机械的磨损较小。

固体摩擦制热，是依靠风力机的风轮转动，在转运轴上安装一组制动元件，利用离心力的原理，使制动元件与固体表面发生摩擦。用摩擦产生的热量加热介质，然后将所需的热量导出。这种方法比较简便，但是难点在于制动元件材质的选择，要找到合适的耐磨材料十分困难。国内试验中采用普通汽车的刹车片做制动元件，这样的原件大约运转 300 h 就要更换，磨损太快。

挤压液体制热这种方法要利用液压泵和阻尼孔来进行制热，当风力机带动液压泵工作时，将液体工质（通常为油料）加压，使机械产生液压作用，将被加压的工质从狭小的阻尼孔高速喷出，使其迅速射在阻尼孔后尾流管中的液体上，于是发生液体分子间的高速冲击和摩擦，使得液体发热。这种方法也不会产生部件磨损。

涡电流法制热靠风力机转轴驱动一个转子，在转子外缘与定子之间装上磁化线圈，当微弱电流通过磁化线圈时，便产生磁力线。这时转子转动则切割磁力线，在物理学上，磁力线被切割时，即产生涡电流，并在定子和转子之间生成热，这就是涡电流制热。为了保持磁化线圈不被烧坏，可在定子外套加一环形冷却水套，不断把热带走，于是人们就能得到所需要的热水，这种制热过程主要是靠机械运转，磁化线圈所消耗的电量很少，而且可以从由风力发电充电的蓄电池获得直流电源，因此风能转换效率较高。

压缩空气制热是利用风力机带动空气压缩机压缩空气致热。这种技术需要的成本低、效率高、运行安全、维护简单，使用的空气压缩设备主要有离心式空气压缩机及活塞式空气压缩机等。活塞式空气压缩机的压力适应范围较广，不论排气量多少都可以达到较高的压力，功率消耗较其他类型的空气压缩机小，排气量受排气压力大小的影响非常小。但这类空气压缩机排气不连续，压力有周期性的脉动，运行中容易出现气柱振动。离心式空气压缩机依靠风轮的回转运动驱动，利用空气的压缩热进行热交换。其热效率比油料工质的压缩机低，但是工作介质是空气，不会存在工质结冻的问题，因而在严寒地区使用比较方便。

小型风力制热系统常用的风轮机设备为输出功率在 50 kW 左右的风车，按风车输出功率的大小，这类系统可分为超微型、迷你型和小型三种。超微型系统的风车输出功率低于 100 W，主要用于照明、海洋灯塔导航、池塘通风、便携式电器设备充电、通信、教学演示等领域。迷你型系统的风车输出功率在 100 W ～ 10 kW 范围之内，主要用于小型发电、农田水利灌溉、牧场供水、污水处理、食品冷冻等领域。小型系统的风车输入功率在 10 ～ 50 kW 范围之内，主要用于小型社区供电、加热等领域。

目前，风力制热技术已经进入实用阶段，主要用于浴室、住房、花房、家禽、牲畜圈房等的供热采暖。一般风力制热效率可达 40%，远远超过风力提水和发电 15% ～ 30% 的效率。

（二）风能直接热利用技术的优点

风能直接热利用技术存在以下一些优点。

首先，根据热力学定律，其他形式的能量在转换为热能时，转换效率是 100%，所以风能直接热利用技术的转换效率非常高。

其次，风能无法直接储藏也不稳定，但是当风能转换成热能后，就可以以热水等形式把能量储存起来，其储藏和使用都十分安全方便。

最后，风能直接热利用系统中所采用的搅拌机、压缩机、油泵等热能转换设备，其转矩与转速的平方成正比，因而在较宽的风速范围内就可以使风力机保持较高的转换效率，其风能利用系数在所有风能利用系统中最高。

三、地热能资源与供暖

地热资源的利用方式有发电和直接利用两种类型，不同温度的地热流体对应了不同的利用方式。200 ～ 400 ℃的地热能资源被用来直接发电，150 ～ 200 ℃的地热能资源被用于双循环发电、制冷、工业干燥、工业热加工等领域，100 ～ 150 ℃的地热能资源被用于供暖、脱水加工、回收盐类、制作罐头食品等领域，50 ～ 100 ℃的地热能资源被用于供暖、温室、家庭用热水等领域，20 ～ 50 ℃的地热能资源被用于沐浴、水产养殖、饲养牲畜、土壤加温等领域。

（一）地热供暖技术

将地热能直接用于采暖、供热和供热水是仅次于地热发电的地热利用方式。这种利用方式或以地热水为介质直接供暖，或利用地热水加热供热介质，再利用介质循环供暖。具有简单、经济性好等优点，备受各国，特别是位于高寒地区的西方国家重视。

冰岛对地热供暖技术的开发利用最好。该国早在 1928 年就在首都雷克雅未克建成了世界上第一个地热供热系统，现今这一供热系统已发展得非常完善，可供全市 11 万居民使用。由于没有高耸的烟囱，冰岛首都已被誉为“世界上最清洁无烟的城市”。此外利用地热给工厂供热，如用做干燥谷物和食品的热源，用做硅藻土生产、木材、造纸、制革、纺织、酿酒、制糖等生产过程的热源也是大有前途的。我国利用地热供暖和供热水发展也非常迅速，在京津地区，地热供暖技术已经成为地热利用中最普遍的方式。

（二）地热空调技术

地热空调技术通过地源热泵，利用地下浅层地热资源，通过输入少量的高品位能源（如电能），实现低温位热能向高温位转移。这类空调既可供热又可制冷，是一种高效节能的空调系统。

地能在冬季作为热泵供暖的热源，在夏季则作为空调的冷源。通过地源热泵，可以在冬季把地能中的热量取出，供给室内采暖；夏季把室内的热量取出，释放到地能中去。与电、燃料锅炉供热系统相比，锅炉供热只能将 90% 以上的电能或 70% ～ 90% 的燃料内能转化为热量，供用户使用。而地源热泵消耗 1 kW 的能量，可以产出 5 kW 以上的热量或 4 kW 以上冷量。地源热泵要比电锅炉加热节省 2/3 以上的电能，比燃料锅炉节省 1/2 以上的能量，其节能效果十分显著。同时，地源热泵的热源温度全年稳定在 10 ～ 25 ℃，其制冷、制热（性能）系数可达 3.5 ～ 4.4，与传统的空气源热泵相比，要高出 40% 左右，其运行费用为普通中央空调的 50% ～ 60%。因此，近年来，地源热泵空调系统在北美如美国、加拿大及法国、瑞士、瑞典等国家取得了较快的发展，中国的地源热泵市场也日趋活跃。

地热空调的能源还能以工业废水、城市污水、湖水等水源作为空调

系统的热、冷源，实现混合联动。在冬季初寒、末寒阶段，可从城市中水（即处理后的城市污水、工业废水等）中抽取热能，采取并联的方式送入热泵机组，热能提升之后即可送入建筑物供居民采暖。利用后的中水经过压差调节泵进行压差补偿后，再送回中水管网。冬季中寒期，可从地热水中抽取热能，以串联方式进入热泵机组，形成梯级取能。夏季使用空调制冷时，可以抽取湖水送入热泵机组，循环提供湖水中的冷能供用户制冷。湖水提冷后，再通过管网送回湖中。如水量不足，可以利用城市中水补充。

第二节　供暖的环境适应性

一、清洁取暖技术适宜性分析

（一）因地制宜的内涵

宜气则气、宜电则电，核心在“宜”。因地制宜的选择技术路线，要充分考虑建筑密度、经济水平、气候条件、资源条件和居民习惯等。从建筑密度角度出发，一般而言，城镇建筑宜考虑集中供暖，农村建筑宜考虑分散供暖。楼用热泵供暖也属于集中供暖。从经济水平角度出发，对于城镇居民而言，如果集中供热的价格多数觉得过高难以负担，新增供暖宜选择灵活型供暖，对农村地区更是如此，农村地区宜选用可灵活启停的供暖方式，以便村民可通过行为节能自主减少使用时间，降低年支出费用到可接受水平。从气候条件角度出发，选择适宜本地气候条件的产品，可能会减少设备初投资和运行费用。从资源条件角度出发，城中村等虽然从房屋性质和负荷特点跟一般农村很接近，但这些地方多数没有生物质资源，不及一般农村应用生物质更有利。从居民习惯角度出发，各地选用清洁取暖路线时，要结合本地百姓需求和生活习惯，比如有的百姓已习惯了取暖做饭“共用一炉”，对于这些百姓可能兼具取暖和做饭的成型生物质取暖炉或燃气壁挂炉更易接受。

（二）不同技术路线的适用条件

整理目前较常用的清洁取暖技术路线特点和适用场合如下表所示。

表 8-1 常用清洁取暖方式的特点和适用场合

取暖方式	技术特点	适用场合
燃煤超低排放热电联产	环保性好；供暖面积大	未来较长时期内，在多数北方城市城区、县城可作为基础性热源使用
中深层地热能供暖	热源温度较高；施工难度大；投资高	地热资源条件良好、地质条件适合的地区可考虑
浅层地热能供暖	分布较为广泛；需要兼有供冷供暖需求，否则易热量不平衡，几年后效率明显下降	主要适用于城镇一定规模的商业建筑
工业余热供暖	成本较低；要求工业企业生产连续稳定；测算余热供热能力时应充分考虑取暖安全和污染治理、错峰生产、重污染应对等环保措施	主要适用于有稳定余热的城镇建筑
生物质锅炉供暖	大型锅炉达到天然气锅炉排放标准较难实现；小型锅炉尚未被环保官方认可	大型锅炉主要适用于生物质来源及加工能力稳定的产业园区、中心城镇等。小型锅炉主要适用于偏远农村。
太阳能供暖	太阳能被动房无需任何运营成本但利用不稳定；主动式太阳能系统需要辅助能源系统。	太阳能被动房适用太阳能资源良好地区；主动式在太阳能资源良好且只在白天使用的办公楼、教学楼等应用更有优势。
天然气供暖	初始投资多数由燃气公司承担；可做饭，提升农民生活水平；取暖运行费用高；存在安全风险	主要适用于已落实气源且经济较好的县城、中心镇
电热膜发热电缆等供暖	灵活；初始投资较低；新建建筑易按照	主要适用于弃风弃光地区、白天多数时间外出工作人群
空气源热泵	能效较高；运行费用较低；房间热风型初始投资相对较少	电网改造已经落实或已经规划的农村地区

二、典型城市清洁取暖技术方案

（一）城市概况

A 市建筑总面积 5970 万 m^2，其中城区既有建筑总量 1996 万 m^2，所辖县既有建筑总量 1512 万 m^2，农村既有建筑总量 2462 万 m^2。

城区清洁取暖比例为 42%，主要包括：超低排放热电联产取暖面积 619.49 万 m^2，地源热泵取暖面积 214.6 万 m^2，天然气取暖面积 20 万 m^2，工业余热取暖面积 87.98 万 m^2。

所辖县县城清洁取暖比例为 46%，主要包括：超低排放热电联产取暖面积 15 万 m^2，地源热泵取暖 170 万 m^2，天然气散户取暖 60 万 m^2，电暖器、热泵型空调 450 万 m^2。

农村清洁取暖比例为 12%，主要包括电暖器、热泵型空调机组等 297 万 m^2。

（二）因地制宜方式

A 市五区两县，每个区和县均存在城乡结合部及农村，仅以城镇和农村区分不同技术路线并不适合 A 市。基于当地实际，将按照城区、县城及城乡结合部、农村 3 种类型进行划分，确定各自的技术路线。

城区 3 个热电厂已经完全实现超低排放，且供热能力达到 3500 万 m^2，可以覆盖全部主城区、B 县及其周边的城乡结合部。因此，城区热源清洁化方面，主要开展超低排放的热电联产集中热网的扩大工程。所辖县县城及周边城乡结合部，如热网覆盖不到，则宜气则气、宜电则电，包括也可以开展可再生能源供暖。集中供热管网建设年代较近，老城区 2013 年以后才结束无集中供热历史，因此没有老旧供热主管网，无需进行改造。无论是城区还是县城、城乡结合部，建筑能效提升工程都是重要的需求侧改革，可有效降低建筑能耗量，最终在减少排放的同时，还能节省能源消耗。因此，城区、县城和城乡结合部，都可以开展建筑节能改造。

A 市农村集中化程度较高，可以开展试点建设相对集中的新模式，同时发展气代煤、电代煤、光伏发电采暖等多种模式。目前，其他地方已经应用且取得较好效果的模式如低温空气源热风机供暖可在 A 市应用。农房的建筑节能改造对农村来说也尤为重要。考虑到 A 市在农村开展建筑节能改造的经验不及城镇更丰富，农村建筑节能改造可适量有序推进。

（三）技术路线确定

城区清洁取暖技术路线。进一步推进超低排放热电联产集中供热的覆盖面积。新建建筑严格执行现行建筑节能标准，推广应用超低能耗建筑。既有建筑开展建筑节能改造。

县城及城乡结合部清洁取暖技术路线。B县及其周边城乡结合部，热电联产可覆盖区域，C县县城及时谋划热电联产热源建设，发展超低排放热电联产。其他区域实施宜气则气、宜电则电，同时开展可再生能源供暖。新建建筑严格执行现行建筑节能标准，试点建设超低能耗建筑，既有建筑开展建筑节能改造。

农村清洁取暖技术路线。试点发展“一村一厂”成型生物质供暖工程。推广低温空气源热风机（或热水机）取暖。同步发展“气代煤”“电代煤”及其他多种形式的清洁供暖方式。开展农房建筑节能改造。鼓励农村新建、改建、扩建的居住建筑按GB/T 50824—2013《农村居住建筑节能设计标准》《绿色农房建设导则》（试行）等进行设计和建造。开展既有农房建筑节能改造。

第三节 清洁供暖的经济价值

随着近年来房地产行业快速发展，社会住宅繁多，能源供暖方案施工过程产生的粉尘和污染对人们生活产生了不利影响。而清洁能源研究是避免环境污染主要方法。近年来，中国北方的清洁供热计划和技术已被用于热电联产、集中供热、分布式供热、可再生能源、多能量辅助加热和其他加热方法。城市住房供暖过程管理研究刚刚起步，通过科学管理住宅能源供暖方案过程、优化施工组织设计，能节约能源，能够减少城市住宅供暖过程对环境的影响。本文从加热类型、能耗类型、投资运营成本和环境保护等方面比较了几种常见的加热方式，从供暖模式的角度来对比，考虑到居民的舒适度、最小能源消耗，最小投资和维护成本。

一、工业废热回收利用

目前，工业生产的能源效率在20%～60%之间，废热总量非常高，完全回收工业废热作为传统能源，能有效减少废物排放。将工业废热作为热源，如果主网的回水温度为60 ℃，工业废热的温度水平可以直接与主网络交换；如果废热温度低或温度波动很大，需经过压缩、吸收 / 吸附，同时需升级热泵。利用化学热泵是一种广为应用的办法，该方法相对成熟，出口温度超过 90 ℃。由于工业废热与工业生产有关，工业生产的变化会影响废热产量，且与使用传统的中央供暖和热泵来确保供水温度相比，工厂和住宅之间距离会更长，配电成本、热损失、回收、输配电、能源供应系统更复杂，投资更高。但从政策和市场的角度来看，有必要从上述角度研究工业废热回收利用。

二、优化管网运行模式

目前，城市供热主要采用互供系统。一级网络调整方法通常有三种方式：音量调节、质量调节和相变流量调节模式，相变流量调节模式可增加液压工作条件的稳定性，同时可最大限度地降低供热网络的加热功耗。二级网络具有低覆盖率、热网络流量调节以及质量、数量和调节模式灵活等特点，可以最小化热量和功耗。

新建筑必须添加恒温阀来调节室内温度。而通过在主要和次要网络之间装上限制流量的加热站，静态平衡阀就可以自动完成相应的操作功能。二次配水管网供水温度的运行调整曲线预设为室温的函数，当二次配水管网的实际供水温度偏离设定值时，一次配水管网的电控阀相对开口会自动调整和更改，调整管网流量水平，然后调整二级管网的供水温度，以匹配用户的家用恒温阀调节。此时，二级网络处于可变流量操作，并且二级循环泵必须改变为变频泵。另外，通过对热源、热站等自动控制系统的监控，控制相应的加热参数，就可以有效地帮助调度员来控制整个供热系统，确保整个热网安全、高效、节能。

三、可再生能源

为了有效确保城市住宅供热区域的清洁化供暖，应该积极推进可再生能源的供热项目开展，例如借助于风能、太阳能、地热能和生物能等来实现供暖。由于目前对可再生能源的利用率比较低，且单纯利用可再生能源不能够达到供暖的要求，因此可以将可再生能源和传统能源相结合，从而建设二者相结合的综合能源系统。

（一）风能

新疆是中国风力最强的地区，风能资源占全国的 37%。当地政府调整风电电价，鼓励城乡居民使用电加热，大大降低了供暖成本。在分布式供暖的情况下，平坦部分为 0.224 元 /（kW·h），谷部为 0.112 元 /（kW·h），中央水平部分为 0.18 元 /（kW·h），谷部为 0.09 元 /（kW·h）。在中国西北，根据内蒙古自治区、辽宁省、吉林省等地区的热负荷特性、环境保护和生态要求，采用电供热，可以符合该地区的供热需求。

（二）太阳能

太阳能作为一种可再生能源，是人类可用能源的重要组成部分。中国的太阳能资源丰富且被广泛使用，但由于地理纬度、太阳辐射、季节、时间和天气的差异，部分地区只产生间歇性和不稳定的太阳能热量，再加上维护复杂且费用昂贵，所以，为了实现稳定的加热，需要在太阳能供暖中添加其他能源。

（三）空气源热泵

空气源热泵使用反向卡诺原理将空气中的低温源转换为高温源以提供热水或热量。然而，空气源热泵的使用与室外环境密切相关。该设备的热设计部门规定室外最冷温度应≤ –10 ℃且最冷区域的平均温度要在0 ～ 10 ℃。如果室外温度低于 –5 ℃，则加热效果差甚至导致供暖不正常。为了改善空气源热泵在低温环境下的加热性能，目前的技术手段包括两级压缩、准两级压缩、双组分或三组分混合工作介质和级联供暖系统。通过添加燃料和氦，可以改善空气源热泵在低温环境下的加热性能。

（四）地热热泵

地下换热器是近几年在北方流行的一种供热方式，是利用埋藏在地板和地砖下面的地热管中的水进行供暖的一种方式。原理与以往的暖气是相同的，都是采用热损耗来平衡室内温度。但是它与暖气的本质不同在于，地热热泵是将热管线埋藏在地下，减少空气中的热损失，而且与传统地暖供热设备相比，地热泵的铺设面积更大。

（五）沼气

经济的快速发展导致农村地区对高质量能源的需求增加。沼气是一种方便、清洁、高质量的能源，它是在湿度、温度和厌氧条件（秸秆和肥料）等特定条件下通过发酵产生的可燃气体。沼气的推广和应用对改善能源结构、生活环境和减少环境污染非常重要。由于室温发酵温度为 10 ～ 26 ℃，这使得在平均温度低于 0 ℃的冬季，沼气池的正常运行受到限制。

住宅清洁能源供暖的方式就是多能量互补加热，如何对能源进行互补，可参照以下几点：（1）燃煤电厂的超低排放、管网运行的优化、工业废热的回收以及采暖设备性能的提高都是实现集中供热和清洁供暖的方法；（2）分布式供热的独立控制非常强大，电加热适用于新疆、甘肃北部、内蒙古等风力发电区，燃气壁炉适用于未被热网络覆盖的城市区域，低温空气源热泵适用于寒冷气候的酒店、办公楼、家庭；（3）太阳能－沼气、太阳能－空气源热泵初期投资高、运行成本低，适用于太阳能资源丰富地区和农村地区；家用燃气锅炉系统的使用减少了投资，节省了运营成本，并能根据室外温度调节室内温度，以实现能源节约和环境保护。采用多能量互补的加热系统不仅可以因地制宜，而且可以克服单独供暖方式的缺点，推荐大规模采用。

第四节　新能源利用实例

一、新疆风力发电清洁能源供暖分析

（一）风力发电清洁能源供暖优势

1. 减少化石能源消耗，创造减排效益

我国风力发电装机容量正快速增加，冬季夜间时段风力发电量大，但用电负荷较低。与此同时，供暖期能源需求较大，特别是新疆北部，全年供暖期长达六个月。现阶段，我国北方供暖大量依靠燃煤供热，风力发电与燃煤热电联产机组之间的运行矛盾突出。大量依靠燃煤供热，造成了严重的环境污染，致使气候环境质量不断恶化。

推广风力发电清洁能源供暖技术，替代燃煤锅炉供热，不仅可以有效利用风能资源，减少煤炭等化石能源消耗，而且对解决城镇供热等民生问题和改善大气环境质量具有重要作用，可以为社会创造可贵的环境效益。

2. 便于电力生产和电网调峰

从整个发电、输电及产热供暖的过程来看，由于风力发电清洁能源供暖弱化了风力发电的随机间歇性，供暖系统可以通过储热形式实现储能用能，因此降低了风力发电对于电网的适应性要求，可以将风力发电清洁能源供暖看作是电力生产及储能利用的过程。

风力发电清洁能源供暖还可以为电网负荷调峰做出贡献。热力负荷可以依据电网要求安排用电运行，而且可以借助储热设施平滑输出，从而为降低电网峰谷差及调峰填谷做出容量贡献。

与积极意义相对，风力发电清洁能源供暖也有不利方面，表现在相较热电联产等方式，获取热能过程被人为拉长，能源消耗增大。从这个意义上看，风力发电清洁能源供暖的用能方式应该局限于一定时期或专门场合，例如适用于电网末端分布能源利用方式等。

（二）风力发电清洁能源供暖技术路线分析

1. 总体架构

风力发电清洁能源供暖指主要利用风力所发电量进行供暖。风力所发电力接入电网，供热站的电锅炉接入电网，利用低谷电量为储热设备蓄热，满足冬季全天的供暖需求，实现风能经电能转换为热能。

2. 建设类型

目前，风力发电清洁能源供暖项目电供热站分为无蓄热装置与有蓄热装置两种类型。

无蓄热装置类型电供热站适用于有大容量热电联产机组集中供热热力管网的区域。作为热源的补充，供热管网可以在电锅炉停运期间提供热能。

有蓄热装置类型电供热站适用于无大容量热电联产机组的集中供热区域，需要建设蓄热装置，在电锅炉停运期间提供热能。有蓄热装置类型电供热站也适用于尚无集中供热热力管网的新建住宅及公建区域，同样需要建设蓄热装置，在电锅炉停运期间提供热能。

3. 蓄热技术

目前，常用的蓄热技术主要有三种：水蓄热、固体蓄热和相变蓄热。

水蓄热具有设备价格相对便宜的优点，但存在体积过大造成占地面积过大的缺点，同时，由于散热面积过大，造成保温效果不佳，水蓄热系统整体效率约为90%。电锅炉利用低谷电量对水进行加热，加热后一部分水进入供热管网，另一部分水进入蓄热罐。当电锅炉不工作时，热水由蓄热罐进入供热管网。

目前常用的水蓄热电锅炉类型主要有常规电阻式电锅炉和电极式电锅炉两种。

固体蓄热体积相对小，一般为水蓄热方式的10%～15%，可减小占地面积。由于体积小，造成散热面积减小，固体蓄热系统整体效率约为95%。同时，固体蓄热造价相对较高，较水蓄热提高约20%。

目前，主流的固体蓄热电锅炉为一体化设计，功率较大。固体蓄热材料通常为金属氧化物，最高加热温度可达900 ℃，通常额定加热温度为500 ℃，高温蓄热体通过热输出控制器与高温热交换器连接，高温热交换器将高温蓄热体存储的热能转换为热水输出，热水进入供热管网。

相变蓄热材料包括无机相变蓄热材料和有机相变蓄热材料。无机相变蓄热材料主要包括结晶水合盐、熔融盐、金属和合金，有机相变蓄热材料主要包括石蜡、脂肪酸，以及某些高级脂肪烃、醇、羧酸和盐等。

相变蓄热体积小，整体效率高，造价在所有蓄能技术中最为昂贵，设备功率较小，目前只有采用380 V供电的设备，少有应用案例，不适合大规模应用。

4. 运行方式

风力发电清洁能源供暖主要有四种运行方式。

（1）全天不间断运行，即电锅炉连续运行时间24 h不间断。由于运行时间与供暖时间一致，电锅炉额定功率与热负荷一致，因此这种运行方式相当于全天在电力负荷上叠加了无波动的电力负荷。

（2）全天固定储热12 h。电锅炉运行时间为12 h，为当日14时—16时和当日23时—次日9时，原因是配合峰谷电价，同时兼顾夜间风力发电弃风现象较为严重的时段。由于运行时间是供暖时间的2分之1，因此电锅炉额定功率是热负荷的两倍。

（3）跟踪弃风时段灵活运行，作为正常热源。电网调度在满足热负荷需求的前提下，根据弃风情况安排电锅炉的运行方式，电锅炉额定功率为热负荷的两倍。这种运行方式相当于弃风时段在电力负荷上叠加了可调的电力负荷。

（4）跟踪弃风时段灵活运行，仅作为补充热源。电网调度根据弃风情况安排电锅炉的运行方式，这种运行方式相当于弃风时段在电力负荷上叠加了可调的电力负荷，由于不需要全额满足热负荷需求，因此这一运行方式可以全部利用弃风电量。

（三）新疆风力发电清洁能源供暖可行性分析

（1）新疆风能资源丰富，可开发量大。根据《中国风能资源评价报告》，新疆风能资源总储量为 8.9 亿 kW，占全国的 20.4%，位居全国第二位。新疆可开发利用风能资源集中在九大风区，即乌鲁木齐达坂城风区、塔城老风口风区、额尔齐斯河河谷风区、十三间房风区、吐鲁番小草湖风区、阿拉山口风区、哈密东南部风区、罗布泊风区。九大风区面积为 7.78×10^4 km^2，年平均风功率密度均在 150 W/m^2 以上，年有效风速时间为 5600 ～ 7300 h，技术可开发量为 120 GW，风能品质好，风频分布比较合理，破坏性风很少，具备建设大型风电场极好的风能资源条件。

（2）新疆电网存在弃风限电问题。截至 2017 年 12 月底，新疆电网建成风电场共 180 座，容量为 18.353 GW，占电网电源总装机容量的 22.3%。2017 年，新疆电网风力发电输出功率最大为 8.652 GW，全年风力发电量为 3.127×10^{10} kWh，弃风电量为 1.325×10^{10} kWh，弃风比为 29.8%，电网弃电较为严重，制约了风力发电的进一步开发利用。

（3）新疆供暖期长，供暖能源需求大。新疆属于温带大陆性气候，四季变化非常明显，夏季高温多雨，冬季干燥寒冷，早晚温差大。新疆每年供暖期长达六个月，从 10 月上旬开始至次年 4 月上旬，居民室内采暖温度不低于 18 ℃。现阶段新疆供暖方式大量依靠热电联产燃煤供热和天然气供热。

在新疆风力发电装机容量大、弃风限电严重、供暖期能源需求较大等多重因素影响下，风力发电清洁能源供暖应运而生。

（四）阿勒泰风力发电清洁能源供暖案例

1. 技术路线

布尔津粤水电一期、二期风电场位于规划的布尔津城西风电场地区，装机容量为 99 MW，选用单机容量为 1.5 MW 的风力发电机组，共计 66 台。这一风力发电清洁能源供暖项目热力站确定的供热规模为 3 × 5 MW 固体式

电蓄热电锅炉和 2×5 MW 电阻式电锅炉，供暖面积为 $2\times10^5\ m^2$，利用电网低谷时段为蓄热电锅炉蓄能，实现 24 h 向热网供暖的目的。

2. 经济可行性

这一风力发电清洁能源供暖项目热力站年利用弃风电量为 3.52187×10^7 kWh，按供暖期实际用电 1∶1.3 的比例给予风电场增发电量配额考虑，风电场预计可增发电量为 4.57843×10^7 kWh。按《国家发展改革委关于完善风力发电上网电价政策的通知》中Ⅲ类资源区风力发电标杆上网电价 0.58 元 /（kW·h）测算，风电场年弃风电量增发收入为 265 549 万元。风电项目捆绑供热站向供暖示范项目用电补贴为 0.3 元 /（kW·h），经测算，风力发电项目捆绑供热站项目全部投资财务内部收益率为 5.52%，投资回收期为 12.75 a，财务评价可行。

通过引入专业供热管理团队投资的合作模式，大大降低了风力发电企业的投资成本及投资风险。据了解，目前多数风力发电企业都在洽谈类似合作模式，通过合作提高项目的整体收益率，降低投资风险，使项目更具投资价值。

风力发电清洁能源供暖本质上是电力供暖，为高效利用清洁能源，积极探索可再生能源，以及风力发电消纳提供了新思路、新方法，是治理雾霾、解决弃风限电的重要途径。当前的风力发电清洁能源供暖项目都由政府主导，包括风力发电上网电价、供暖电价、结算方式等，都需要政府进行协调沟通。而从长远看，建立有效的电力市场，是解决风力发电清洁能源供暖问题的最终出路。在健全的电力市场环境下，风力发电清洁能源供暖的盈利测算相对简单，开发企业与用电的电蓄热锅炉供热站自由签订购售电协议，根据市场需求自主定价，电网企业收取合理的输电费用，相关电量按照统一标准享受可再生能源价格补贴，开发企业可以自主测算项目投资收益。

风力发电清洁能源供暖项目如何运营尚需要进一步讨论。投资企业需要加强对政府政策的解读和研究，加强与上下游产业的沟通，积极解决各方面问题，同时承担起企业应承担的社会责任。

二、阳光房的光热转化

我国有着丰富的太阳能资源，以华北地区为例，其年辐射总量在5436 ～ 6264 MJ/m^2·a，日照时数 2600 ～ 3300 h，年日照百分率大于 60%。

太阳能是一种可再生的绿色能源，发展太阳能建筑的目的就是要通过充分利用太阳能来减少对不可再生能源的消耗。

这里以北京大兴的一个农宅为例，分析阳光房的光热转化。该建筑用地为东西长 13 m、南北长 14 m 的长方形，场地平坦，四周无遮挡物。建筑共两层高，总建筑面积约 200 m^2。为了最大限度地利用太阳能来满足冬季采暖需要，同时减少额外的建设成本，降低日常运行费用，在这个农宅设计中，采用了以被动式设计为基础，被动式措施与适宜技术设备相结合的设计策略。

（一）建筑平面布局

平面布局的合理与否，会直接影响太阳能建筑设计的有效性。为此，本设计项目首先根据热舒适度需求等级，由高到低，将室内建筑空间分为居室空间、服务空间、设备空间等三部分。然后，将客厅、卧室等居室空间布置在获得太阳热量最多的建筑南侧，将厨房、餐厅及卫生间等服务空间布置在建筑的中部，储藏间、楼梯间、工具间等设备空间则布置在建筑北侧。其平面布局不仅满足了采暖需求，同时也可以满足农宅的使用功能要求。

（二）建筑外围护结构体系

为保证太阳能建筑良好的保温、蓄热性能，建筑的东、西、北三面外墙都设计得比较封闭，采用了结构、保温、外饰一体化的复合砌块墙体，加强了农宅外围护结构体系的保温性能。为减少冬季的热量散失，在建筑的东、西、北三侧外墙上，仅开有能满足采光和夏季自然通风要求的小面积窗户。而在大量接受阳光照射的南立面，则设计得较为开敞，使用了大面积的玻璃墙面，尽可能多地接受太阳辐射能，以保证冬季室内的热舒适温度。

（三）高效率被动式阳光房

利用被动式阳光房是太阳能建筑的一个非常典型的设计方式，设计者充分利用了建筑的南立面，设计了与建筑形式一体化的两个阳光房。阳光房分别为一层高和两层高，与室内空间设计良好结合，使得在阳光房内被加热的空气能够顺畅地渗入房间。通过阳光房和墙体保温的设计，在没有任何主动式采暖设备的情况下，可以实现在冬季晴天，居室空间的室内平均温度达到 12 ℃以上。这对于目前北方地区农宅的热舒适度而言已经有了很大的提高。

（四）太阳能新风预热腔

冬季如果依靠开启直接对外的窗户来供给室内的新鲜空气，则会让寒冷的空气直接进入到房间里，既降低了室内的气温，又会对人造成吹冷风的不舒适感。在本农宅建筑中，结合阳光房设计了一个太阳能新风预热腔，在冬季，室外新鲜空气由预热腔上部进风口被导入，并在预热腔中被太阳能加热，再由安装在预热腔底部的光电驱动的小功率风机送入室内。夏季时则通过风机反向旋转来排出阳光房里的热空气。小功率风机的用电可以完全由预热腔顶部安装的光电板供给，且风机转动速度与日照强度正相关，这与预热腔冬季预热新风、夏季排除热空气的功能要求正好一致。

（五）主动式采暖辅助设施

农宅冬季晴朗白天的采暖主要靠被动式阳光房实现。为解决冬季夜晚给房间供暖的问题，本项目采用了 25 m^2 的屋面太阳能集热器和 2 t 容量的蓄水箱，在白天收集并蓄存太阳热量，在夜间则利用白天所蓄存的热水，通过地板热辐射盘管的方式，来给房间供暖。冬季连续阴天，建筑无法利用太阳能采暖时，则采取了将生物质能燃炉和火墙组合应用的备用采暖方式。生物质能燃炉与厨房设施相结合，把燃烧时产生的高温烟气导入至建筑内两层高的火墙中，通过火墙的热辐射来保持房间的温度。

（六）双层排热屋面

考虑冬季被动式太阳能利用的设计措施往往会导致室内夏季过热，因此，必须通过相应的设计来避免这一问题。本项目除了采用常见的遮阳处理和通风散热措施以外，还结合阳光房设计了双层排热屋面来排除夏季阳光房里的热空气。通过在阳光房下部设置可开启进风口和在檐口下设置出风口，并和设置在双层屋面间的空腔组成夏季通风道，来加强被动式自然排风的效果，将热空气从屋面夹层中迅速排走。

（七）太阳能自然通风系统

夏季时除了阳光房的遮阳和排热设计之外，房间的自然通风也是非常重要的降温措施。本设计项目根据控制室内气流的需要，将建筑北侧的热压通风井分为两个独立的竖井，分别为建筑的一层和二层提供独立的热压通风。同时，根据夏季穿堂风向，在每层竖井正下方的北侧外墙上开设窗户，这样可以使得风压通风和热压通风的风向引导一致，把二者的通风作用结合起来，增强了夏季室内自然通风的效果。

第五节 新型节能建筑与绿色工厂

一、新型节能建筑

随着我国建筑技术的不断深入发展，建筑节能的标准也在不断提高，在深入研究和推广应用先进节能技术的基础上，采用新型的节能环保材料，对推动我国在建筑领域内节能工作的进展，推广建筑节能保温材料及其结构体系在建筑工程中的应用具有重要意义。节能环保材料作为节能建筑的重要物质基础，是建筑节能的根本途径。在建筑中使用各种节能建材，一方面可提高建筑物的隔热保温效果，降低采暖空调能源损耗；另一方面又可以极大地改善建筑使用者的生活、工作环境。走环保节能建材之路，大力开发和利用各种高品质的节能建材，是节约能源，降低能耗，保护生态环境的迫切要求，同时又对实现我国21世纪经济和社会的可持续发展有着现实和深远的意义。

（一）新型节能环保材料的概念

新型节能环保材料指在制造过程中使用新的工艺技术，产品具有节能、节土、利废和保护环境的特点，能改善建筑功能的一类建筑材料。节能环保材料则突出在产品制造和使用过程中具有节约能源和环保的特点。

（二）新型节能环保材料的分类

在传统建筑材料的基础上大力发展新型节能环保材料是节能建材研究领域一个重要的方面，主要包括新型墙体材料、保温隔热材料、防水密封材料、节能门窗和节能玻璃等。

1. 新型墙体材料

墙体材料在房屋建材中约占70%，是建筑材料的重要组成部分，建筑物能量的损耗约 50% 来自墙体。就其品种而言，新型墙体材料主要包括砖、块、板等，如黏土空心砖、掺废料的粘土砖、非黏土砖、建筑砌块、加气混凝土、轻质板材、复合板材等。

2. 保温隔热材料

近年来，我国保温隔热材料的产品结构发生有明显的变化：泡沫塑料类保温隔热材料所占比例逐年增长，已由 2001 年的 21% 上升到 2005 年的 37%；矿物纤维类保温隔热材料的产量增长较快，但其所占比例基本维持不变；硬质类保温隔热材料制品所占比例逐年下降。

保温隔热材料主要应用于建筑物墙体和屋顶的保温绝热、热工设备、热力管道的保温、冷藏室及冷藏设备使用。常用保温隔热材料主要分为无机绝热材料（石棉、玻璃棉、膨胀珍珠岩、泡沫混凝土、加气混凝土及泡沫玻璃等）和有机绝热材料（泡沫塑料、植物纤维类绝热板、窗用绝热薄膜等）。

3. 防水密封材料

随着我国国民经济的快速发展，工业建筑与民用建筑对防水材料提出了多品种高质量的要求，防水材料成为建筑业及其他相关行业所需要的重要功能材料，是建材工业的一个重要组成部分。

4. 节能门窗和节能玻璃

门窗和幕墙的节能约占建筑节能的 40% 左右，是建筑物热交换、热传导最活跃、最敏感的部位，是墙体失热损失的 5 ～ 6 倍。

（三）新型节能环保材料在建筑中的应用

1. 节能墙面的应用

节能墙面（轻质隔断）墙面受建筑室内使用功能要求的制约，考虑墙面造型时不能存在明显的凹凸，在确保满足建筑室内防火等级要求的前提下，应选择采用保温性能好的保温隔热材料，最大限度地减少室内热量的散失。在采用轻质隔断墙体的区域，特别是在严格控制热量传导的区域分隔时（办公室与仓库隔墙），为有效减少热量不必要地传导到无需控温的房间，应选择采用新型的保温隔热墙面材料，如在轻质隔断内加入保温材料，在轻钢龙骨纸面石膏板隔墙中加入保温材料或在需保温的房间墙面进行保温处理，以最大限度地减小热量散失。

2. 节能门窗和节能玻璃的应用

节能玻璃幕墙、门窗大面积玻璃幕墙的应用是现代建筑的发展趋势和潮流。但是，玻璃幕墙和门窗作为建筑围护结构的重要组成部分，是建筑室内、外进行热量交换、热量传导最敏感、最活跃的部位。

影响建筑能耗最直接的因素是建筑维护结构的保温与隔热性能，门窗又是其中最薄弱的环节。据统计，在建筑中门窗玻璃的能耗约占建筑总能耗的 35% 左右，因此节能玻璃的应用在建筑节能中具有重要意义。节能玻璃要具备两个节能特性：保温性和隔热性。目前，我国建筑工程采用的节能玻璃材料主要有：镀膜玻璃、真空玻璃、中空玻璃和带薄膜型热反射材料玻璃、Low-E 光化玻璃等。

为了增大采光通风面积或表现现代建筑的性格特征，建筑物的门窗面积越来越大更有全玻璃的幕墙建筑，以致门窗的热损失占建筑的总热损失的 40% 以上，门窗节能是建筑节能的关键，门窗既是能源得失的敏感部位，又关系到采光、通风、隔声、立面造型。这就对门窗的节能提出了更高的要求，其节能处理主要是改善材料的保温隔热性能和提高门窗的密闭性能。另外，建筑围护结构的门、窗和玻璃幕墙更应该把节能和合理利用太阳能、地下热（水）能、风能等新型节能技术结合起来，开发并利用节能省电（利用太阳能、风能、地热能等）相结合的新型门、窗及幕墙材料。

3. 节能外围护材料的应用

目前，大面积玻璃幕墙仍然是大型公共建筑外部围护结构体系的主导形式，应尽量选择采用透光率高、保温隔热性强的玻璃材料，或者采用能够合理利用太阳能等新能源的玻璃材料。如北京南站的主站屋顶采用了大量的太阳能光电板，其整体面积约 6700 m^2，占整个建筑屋顶采光面积的 50% 左右，总发电量达 320 kW。大面积玻璃采光屋顶的应用，可有效增加建筑室内白天的采光面积，通过利用自然光达到节能省电的效果；大面积太阳能光电板的应用，还可以发电供其他电气设备利用，是真正意义的建筑节能材料。当前，我国居民住宅的节能外围护材料使用不多，但也正朝着轻质保温复合材料的方向发展。

（四）未来我国新型节能环保材料发展展望

节能环保型建材具有低物耗、低能耗、少污染、多功能、可循环再生利用等特征，集可持续发展、资源有效利用、环境保护、清洁生产等综合效益于一体，成为未来建筑材料发展的主流趋势。

1. 利用可再生资源成为我国新型节能环保材料发展的首选道路

当前我国工业废渣年产量惊人，回收利用、替代原材料生产新型建材，不仅可减少环境污染和资源浪费，更重要的是可实现经济、环境的可持续发展。尽可能少用天然资源，降低能耗并大量使用废弃物作原料；尽量采用对环境污染较小的生产技术；尽量做到产品不仅不损害人体健康而且有利于人体健康；加强多功能、社会效益好的新产品的开发。

2. 利用环保材料发展新型节能环保建材

随着人们环境意识的不断增强，以及人类生存环境的日益恶化，人们对居家环境的要求越来越高，这也为新型建筑材料的发展指明了前进的方向。建材主管部门和建筑业主管部门，要强化合作，把严格制定、落实新型建材纳入建筑应用的规程和管理中，切实解决新型建筑材料发展过程中科研、生产、建筑设计、施工等各个环节的具体问题，颁布比较成熟的新型建材及制品设计、应用、推广产品目录，部分产品可考虑实行生产许可证等，促进环境友好型建材市场的发展。同时，要结合不同地区、不同建筑类型，以新型墙体材料为重点，注重承重的复合墙体材料、保温材料在建筑上的应用研究，促进产品的系列化、配套化开发，另外还应加强功能建材和绿色建材的研究与开发，优化产品结构。

随着我国科学技术的飞速发展，可持续发展战略思想深入人心，建筑节能技术发展空间广阔，对新的节能环保材料的开发与应用势必成为今后研究的焦点，通过对建筑节能环保新材料的应用研究，最终达到降低消耗，节约能源和保护生态环境的目的。

二、绿色工厂建设

（一）绿色工厂的定义和标准

绿色工厂是绿色制造的实施主体，更是绿色制造体系的核心支撑单元，因此应建设具有用地集约化、生产洁净化、废物资源化、能源低碳化等特征的绿色工厂。在绿色工厂建设过程中，应提前考虑可再生能源的应用场所和设计负荷，并合理规划厂区内的能量流和物质流所走路径，采用先进的、实用的清洁生产工艺技术和高效的末端治理环保技术，淘汰落后的设施和装备，建立资源回收再利用体系，优化制造流程和用能结构，减少资源消耗和对生态环境的影响，实现工厂的绿色发展。

1. 绿色工厂的定义

目前绿色工厂并没有统一的定义，不过可以确定其 3 个组成部分：绿色建筑、绿色工艺及绿色产品。陈学提出的生态型工厂主要包括 5 个部分：花园式的厂区环境、可持续发展的产业链、循环利用的物质流和能量流、先进的制造工艺技术、清洁安全的生产工艺，可以保证厂区拥有原生态的环境，并对环境、社会的影响程度降到最低；哈托利等人提出的绿色工厂主要由生产系统和循环系统两部分组成，通过物质和能源的回收再利用减轻对全球生态系统的负担；英国 M&S 公司首次运行模型化的绿色工厂，以环保和节约成本双赢的“绿化”为基准，提升工厂在可持续方面的声誉，并为绿色制造业的发展奠定了基础。综上所述，绿色工厂是在综合考虑环境、社会、经济影响的基础上，采用先进的绿色材料、绿色设计技术、绿色制造技术和循环再利用技术，制造出无害化的绿色产品，达到环境污染最小化、资源利用低碳化、经济效益最大化。

2. 绿色工厂的标准

目前国外发布的关于绿色工厂的标准主要是以环境管理、能源管理及温室气体 3 个方面为主，少数发达国家发布了综合管理绿色工厂的标准和政策。国际标准化组织发布了大量关于环境管理、能源管理和温室气体排放量化及核查方面的标准，例如：ISO 14000 环境管理系列标准、ISO 50001 : 2011《能源管理体系要求》、ISO 14064 : 2004 温室气体排放系列标准等，目的是降低工厂对生态环境的影响。关于综合管理绿色工厂的标准方面，欧盟组织环境足迹（OEF）从整体的角度考虑组织活动，对提供的商品和服务进行绿色评价；韩国绿色认证从事业、技术、设施、产品 4 个方面进行技术规范，以此推进工厂绿色化发展。

我国转化了部分国际标准，例如：GB/T 24000 环境管理系列标准、GB/T 23331—2012《能源管理体系要求》、GB/T 32150—2015 温室气体排放系列标准等。而且我国也发布了 100 多项关于单位产品能耗限额的强制性国家标准，例如：GB 32053—2015《苯乙烯单位产品能源消耗限额》等，这些标准是促进工厂绿色化发展的重要依据。与此同时，我国已经开展了关于绿色工厂的标准制定、验证、示范等标准化工作，《绿色制造标准体系建设指南》中主要从绿色工厂规划、资源节约、能源节约、清洁生产、废物利用、温室气体和污染物等 7 个方面来制定有关绿色工厂的标准；工信部节能司表示要加快建设绿色工厂的标准体系，形成国家标准与行业标准互为补充的标准体系，为未来的绿色工厂提供强大的理论支撑。

（二）绿色工厂建设思路及目标

1. 绿色工厂建设思路

绿色工厂是在综合考虑环境、社会、经济影响的基础上，采用先进的绿色材料、绿色设计技术、绿色制造技术和循环再利用技术，制造出无害化的绿色产品，达到环境污染最小化、资源利用低碳化、经济效益最大化。公司为贯彻“让天空更蓝，大地更绿”的发展理念，以促进全产业链和产品全生命周期绿色发展为目的，建立以企业标准体系为建设基础，建立高效、清洁、低碳、循环的绿色制造体系。创建思路主要如下。

（1）成立绿色工厂创建工作小组

管理者代表分派绿色工厂的职责和权限，确保相关资源的获得。制定出可实现的管理目标，对绿色制造各领域提出管理要求，并通过管理措施和手段加以实施。创建绿色工厂管理小组，负责有关绿色制造的制度建设、实施、检查、考核及奖励工作，建立目标责任制。

（2）开展绿色工厂相关教育、培训

定期进行绿色工厂相关教育、培训，并评估其结果，梳理各环节与绿色企业间的差异，制订改正计划、完善各类制度要求等。

（3）实施创建方案

为打造全球最先进的家电生产基地，本着“四节二保一加强”原则：节能、节地、节水、节材和保护环境、保护人体健康、加强运营管理。对照国家绿色制造体系的相关标准和要求，认真开展创建工作，组织实施创建工作方案。

2. 绿色工厂建设目标

按国家最高级别绿色三星工厂的标准进行规划建设的，主要从“节能、节水、节地和节材”等方面进行有关创新与探索。在运行阶段公司增加保护环境、保障员工健康两个目标，大力推广绿色工业建筑，倾力打造成为绿色工厂。

公司以加强资源综合利用，推进企业绿色发展为目的。将工艺、物料、设备、安全环保等生产业务以及企业绿色经营管理理念高度集成；以生产管理为核心，以绿色产业链为主线，从而建成本质安全、生产高效、节能环保、管理卓越和可持续发展的绿色工厂。

（三）未来绿色工厂的基本模式

随着科学技术进步和工业革命的发展，制造业创造了巨大的生产力，使人民生活发生了翻天覆地的变化，但是也造成了大量资源和能源消耗，付出了惨重的环境代价，所以绿色技术油然而生，引发了第四次工业革命——绿色工业革命。在新一代工业革命中，未来绿色工厂是颠覆性技术的产物，其目的是帮助制造企业适应全球生态压力，更好地利用物质和能源，定制高质量的产品，满足日益增长的绿色需求。因此提出未来绿色工厂的基本模式，以绿色技术、信息技术、自动化技术为核心，以绿色制造为目标贯穿全过程，建设成具备绿色化、数据化、智能化、集成化的工厂，并分析未来绿色工厂对社会、环境、经济的影响程度，为未来绿色工厂的建设提供理论支撑。

1. 三大核心技术

绿色技术又叫生态技术、环境友好技术，是指能降低资源和能源消耗，减少对环境的污染、改善生态环境的技术体系。从全生命周期的角度出发，其关键技术主要有：绿色设计技术、绿色生产工艺技术、材料选择技术、清洁生产技术、绿色包装及再制造技术等，例如：干式切削技术相比传统的切削技术，降低了 50% 的成本，提高了加工的效率，同时又减少了对环境的污染；快速成型技术可以进行专门化的成品制定，最大程度地降低原材料的浪费，节约资源和能源。绿色技术可以改善资源、能源紧缺的问题，减轻环境承载的压力问题，因此绿色技术是未来绿色工厂的必然选择。

信息技术是指用于管理和处理信息所采用的各类技术，其关键技术有：传感技术、计算机与智能技术、通信技术和控制技术。例如：利用计算机技术对设备的运行方式、运行参数和运行工况进行实时监控，可以提高设备在运行过程的可靠性和能源效率；利用网络通信、云计算技术辅助作业车间人员进行生产决策，并将操作经验转化为系统的专家知识，可以更好地支持工厂绿色精益生产。面向绿色制造，利用云计算、物联网、人工智能等信息技术，可以开发能耗设备监控和管理等平台，进行数据挖掘和决策分析，实现资源与能源消耗状态的透明化，提高资源效率，减少环境排放，因此信息技术是未来绿色工厂的重要支柱。

自动化技术是一门综合性的技术，与计算机技术、自动控制、液压气压技术、系统工程、电子学、控制论和信息论都有十分密切的关系。目前，自动化技术正在向机电一体化、结构设计标准化与模组化、结构运动高精度化、机械功能多元化和控制智能化方向发展，可以实现刚性加工向柔性加工转变，进而满足用户对产品多样化和个性化的需求，是实现绿色工厂集成化的重要保障，因此自动化技术是未来绿色工厂的重要支撑。

2. 四大特征

（1）绿色化

在未来绿色工厂生产中，利用绿色技术、采用绿色环保材料，实现在原材料的采集和加工、生产、使用、回收、循环利用等全生命周期中环境污染最小化、资源利用最大化。

（2）数据化

在未来的绿色工厂中，从时间域和空间域的维度出发对收集的数据进行处理和分析，多视角多维度地监测工厂的数据信息，并通过大数据优化流程，从内部管理逐步向售前、售后延伸，实现整个供应链的透明化管理。

（3）智能化

在未来绿色工厂中，智能化的生产系统具备自我学习功能，可以满足各种物品、人、设备、位置信息的智能匹配，还可以精确地做出决策，拥有可追溯过去，可控制现在、可预测未来的能力。

（4）集成化

在未来绿色工厂中，将工艺过程和管理业务流程高度集成，实现每个工序和环节之间的紧密衔接，从全局的角度实现工厂整体的优化。

（四）未来绿色工厂的体系架构

面对当今全球生态危机、技术蓬勃发展、用户需求快速变化等形势，要想大力发展绿色工业革命，必须以绿色制造为指导思想，利用绿色技术、信息技术、自动化技术，提高资源生产率，将未来绿色工厂建设成绿色化、数据化、智能化、集成化于一体的工厂，可以满足环境、社会和经济的需求。因此基于现有工厂结构，并结合未来绿色工厂的基本模式，提出未来绿色工厂的体系架构，包括适应性绿色工厂建筑外壳、智能化绿色生产系统、高能效建筑资源服务系统、绿色工厂能源与环境管理系统、学习和健康训练环境 5 部分。通过可再生能源及资源化废物的输入和输出，不仅可以让未来绿色工厂实现无害化、轻量化和资源化生产，还可以促进工厂间物质流和能量流的循环，实现工业生态园区循环共生系统。

1. 适应性绿色工厂建筑外壳

适应性绿色工厂建筑外壳作为工厂的主要结构，在满足功能、美观的前提下，应最大程度地减少对生态环境的干扰，降低人工环境的自然成本，获得良好的自然、经济和生态综合效益。例如：比利时的 ECOVER 工厂拥有 6000 余 m^2 的绿色植被屋顶，采用天然的欧洲松木、黏土、木浆和煤尘制成的砖砌成，工厂 83% 的建筑使用了可再生和可回收材料；德国德累斯顿市大众“透明工厂”采用玻璃建筑外壳，不仅清洁无排放、噪音低，还有助于提高开放程度、供游人参观。新功能的建筑材料和模块化结构已经在开发中，胡建辉对建筑材料进行研究，将乙烯－四氟乙烯（ETFE）气枕与非晶硅太阳能电池结合成新型光伏一体化膜结构，降低建筑能耗，使其成为可持续和对环境友好的建筑。绿色建筑外壳能够将已经释放到环境中的废弃物作为资源输入，实现废弃物的回收再利用，适应环境、社会、经济方面的需求。

2. 智能化绿色生产系统

智能化绿色生产系统主要包括生产数据的采集、处理及管理系统，根据不断增加的产品种类和复杂性进行智能化调整，同时保证消耗资源较少，对环境影响降到最低。例如：洛春等采用基于三菱 CC-Link-IE 的智能化生产系统，可以实时呈现生产现场的工艺参数、生产进度、产品状况及人、机、料的利用状况，必要时可进行产品追溯，让整个生产现场透明化。因此未来智能化绿色生产系统可以对作业状态实时监控，提高制造灵活性和速度，提升设备综合效率及客户满意度，达到绿色制造的目的。

3. 高能效建筑资源服务系统

高能效建筑资源服务系统是以可再生能源发电系统为基础，主要包括太阳能、风能、水能、地热能及可再生燃料，可以调节容量大小，平衡能源投入和生产需求，为能源生产系统提供稳定性支撑。例如：德国

J.Schmalz 工厂利用多余的风能、太阳能和水能生成电能，碎木燃烧生产热能等，这些过剩能源回收再利用产生的能源完全可以满足公司所需的能量，节省了大量的能源和成本；德国太阳能加热系统制造商 Solvis GmbH 被认为是欧洲最大的零排放工厂，将过剩的电能储存在缓冲器中以此来实现电能的供需平衡。为了使未来工厂更加的智能化，将建筑资源服务系统与绿色生产系统相互联系，在整个系统发生变化时，能够快速、自动地调节参数使系统稳定。

4. 绿色工厂能源与环境管理系统

绿色工厂能源与环境管理系统主要是负责监控和管理智能化绿色生产系统和高能效建筑资源服务系统中大量资源和能源消耗的数据。例如：西门子用 B.Data 将过程控制系统和工作环境下的数据处理系统有机结合，能够完成能源使用、能源费用采集、计算及分析，实现对能源监控、能源报表、能源趋势、物料平衡、能耗设备管理、成本中心管理、能源预测、能源采购、能源绩效等管理功能等功能。在未来绿色工厂中，物联网的概念成为现实，这允许对整个工厂系统当前和未来的能源、环境状态进行分析和优化。

5. 学习和健康训练环境

学习和健康训练环境为员工提供健康的试验环境和研究数据，允许在学习环境中进行理论知识的交流、测试和演示，使员工能够跟上不断发展的技术。例如：Festo 等在德国运营一个学习型工厂，它被用作新员工的培训基地，进一步提高员工的专业素质。这种方法有助于工厂更加开放，通过满足人们的特定个人需求来支持区域发展，节约了成本、减少对资源能源的消耗，并为知识向社会转移提供了平台。

第九章 展望

第一节 新能源开发

随着社会的进步，国民经济的提高，人们对于新能源又有了一个全新的认识。经济的发展离不开新能源的开发与应用，新能源的开发与利用离不开经济的支持，由此可见，经济发展与新能源的开发与发展其关系是密不可分的。现如今，自然界中的资源已经逐渐枯竭。石油、煤炭、水资源都呈现出紧缺的情况，新能源开发已经成为解决能源紧缺问题的重要手段之一。所以，我国政府越来越重视新能源的开发与利用。

一、注重信息收集，关注科技发展

当今世界，各个国家都在积极主动的开展新能源的开发工作，这就意味着，各个国家都将掌握新能源开发的相关信息，如果可以将各国在新能源开发过程中，获取的信息及时收集起来，并且取其精华，去其糟粕运用到我国新能源开发工作中，那么我国在新能源的开发工作中，不仅可以节约大量时间，还可以少走弯路，对提高我国新能源开发效率有着重要意义。所以，要注重新能源开发相关信息的收集，时刻关注各国新能源开发工作的科技发展情况。首先，我国要积极参与到国际新能源开发工作中，及时掌握国际新能源开发的最新资讯，并且积极参与其中，争当示范，以此完善我国在新能源开发工作中的不足。其次，积极主动学习国外新能源开发技术，根据我国国情，有针对性的将新能源开发技术引入我国。最后，我国在收集信息、学习技术的同时，要注重对信息的筛选与整合，要根据我国国情进行选择，在学习的过程中，一定要不盲从，并且将自主开发放在首位。

二、挖掘区域优势，发现再生能源

我国陆地面积位居世界第三，地广物博，每个区域在新能源方面都有其自身优势，其中我国西部地区有较为突出的能源优势。当前，我国已经发起西部大开发的号召，尽管我国西部地区可再生资源较为丰富，但是西部地区的生态环境并不理想，这就意味着，必须合理开发利用新能源，尽量避免因使用化石能源而导致的生态环境的污染。在我国西部能源开发的过程中，要将环保理念贯彻始终，并在新能源开发的过程中，注重人们实际生活的需要，积极开发由风能、太阳能转化为电能、热能等。以我国西部能源开发为重要示范，在我国其他区域的新能源开发工作，要遵循因地制宜的原则，不能盲目进行能源开发工作，在能源开发的过程中，要重视生态环境的发展，将环保理念贯穿与能源开发的始终，在不破坏区域生态环境的前提下开展能源开发工作，根据区域优势，进行有针对性的、个性化的、科学合理的开发再生能源。

三、重视海洋开发，利用海洋能源

国家对于海疆治理工作的重视程度不断加大，对于海洋资源的可利用性不断有着深入了解，并且加大了对海洋的开发，同时将海洋周边岛屿进行充分利用，不仅可以有效地杜绝其他国家对我国海洋领土的侵扰，还有利于新能源开发渠道的拓宽。但当前，世界各国对于海洋能源的开发利用效率都不高，我国要重视海洋能源的开发，不断研发学习开发海洋能源的相关技术，不仅能将海洋能源有效地利用起来，缓解我国能源紧缺的现状，还可以维护我国海洋领土完整，提高我国疆土海防能力。

四、提高生物能源开发，扩大应用范围

相比于城市，我国农村新能源的开发与利用都是有着较快发展的。在我国农村很多地区都已经建立了沼气池，通过将生物能转化为应用能源，使用在百姓的实际生活中，并且这一技术的发展取得了良好的应用效果。在我国农村开展生物能应用，可以有效地将农村闲置的生物资源进行利用，例如，麦秆、动物粪便等，通过先进的能源转化技术，将其转化为沼气、乙醇、燃料气、压缩固体燃料等能源，不仅可以满足农村百姓的生活需求，还可以用于车辆与动力等。因此，对于生物能源的开发与利用，不

能仅仅局限于农村，也不能仅仅局限于人们的生活需求，而是要将生物能源的开发与应用开展到每个人身边，打破生活需求的局限，应用于各行各业。由此可见，提高生物能源的开发，并扩大其应用范围对于我国新能源的开发与利用具有十分重要的意义。

五、转化研发思想，完善储备能源技术

随着新能源开发的不断深入，越来越多的新能源研发人员将目光投向太阳能、风能等可再生自然资源的开发与利用，希望通过将这些闲置的可再生自然资源转化为新能源，投入到我国能源使用中，作为我国能源的补充者。但是这些可再生自然资源不具备长久的稳定性，从而导致很难有效地将其应用到实际生活中，只能充当辅助性能源。这就意味着，在以后的新能源开发过程中，要注重转化研发思想，完善储备能源的技术。例如，将风能与太阳能进行储备，当有需要时将风能与太阳能转化为其他能源进行利用。或者直接将风能、太阳能转化为其他能源时，将转化的能源进行储备，当需要的时候再将其利用，以此来弥补可再生自然资源的不稳定性。

综上所述，加强新能源的开发是我国当前能源开发工作的重中之重，这不仅关系着人民的生活水平的提高，还关系着我国未来发展。因此，要注重信息收集，关注科技发展；挖掘区域优势，发现再生能源；重视海洋开发，利用海洋能源；提高生物能源开发，扩大应用范围；转化研发思想，完善储备能源技术，以此加强我国新能源的开发水平。

第二节 新技术应用

一、分布式清洁供暖及氢能热电联供

（一）分布式能源

分布式能源系统是指按用户的需求就地生产并供应能量，直接面向用户，具有多种功能，可独立运行，也可并网运行，能够满足多重目标的中小型能源转换利用系统。作为新一代功能方式，主要有四个特征：（1）直接面向用户需求，布置在用户附近，减少能量输送成本。（2）相对于传统的集中式供能系统，均为中、小容量，灵活节约。（3）多功能趋势，既包含多种能源输入，又可同时满足用户的多种能量需求。（4）可供选择技术也日益增多，如与燃料电池的结合，经过系统优化和整合，实现多个功能目标。

分布式能源系统的核心及重要组成部分是分布式冷热电联供系统，其种类繁多，可与风能、太阳能、生物质能相结合。按热机类型分类，主要有燃气轮机、内燃机、汽轮机、斯特林发动机，以及燃料电池等分布式冷热电联供。其中，与燃料电池相关的热电联供系统为燃料电池—燃气轮机—余热吸收型分布式联供系统，SOFC 固体氧化物燃料电池单独发电效率为 50% ～ 60%，与燃气轮机组合成混合动力系统，其发电效率可达到 60%，是目前最洁净的分布式能源系统之一。

（二）热电联供节能性分析

燃料电池热电联供系统是最有发展前景的分布式清洁供暖系统。现从耗煤量、耗天然气量以及使用成本三个方面对燃料电池热电联供系统进行节能性分析。

1. 依据耗煤量核算

模拟某户家庭一天24小时内的电热需求的工况。热电联供系统运行情况主要包括电输出、热输出及热水温度。用户在一天之内的用电量需求为8.4 kWh，用热量需求等效折算为电能是10.6 kWh；燃料电池一天之内发电量是9.5 kWh，将燃料电池输出热负荷折算为电能是10.6 kWh。假设天然气由煤炭制备，电能由传统的火力发电获得。通过采用热电联供和采用煤炭发电两种情况下的煤耗，对比传统用电用热方式与热电联供方式的能耗。

传统用电用热方式由电网提供所需热电，假设电热水器的效率为85%，则一天之内所用的电能为20.87 kWh。中国平均供电煤耗370 g标准煤/kWh，则产生所需的电能需要消耗的煤炭量为7.721 kg。

热电联供系统一天之内的发电量是9.5 kWh，燃料电池输出热负荷折算为电能是10.6 kWh，对于CHP来说，这部分能量无需额外能量提供，采用余热供给。假设DC/AC变换设备效率为97%，带重整器的燃料电池CHP系统的总效率为72%（保守估计），则天然气需提供的能量为49 MJ。可计算所需天然气的体积为1.35 Nm^3，即由煤炭发电提供的煤炭量为3.38 kg。

经分析可知仍有1.1 kWh的电能可并入电网，此部分节约的煤炭量为0.4 kg，扣除这部分用量后燃料电池系统所耗煤炭量为2.94 kg。经计算，二者相比，所耗能量节能率为62%。

2. 依据耗天然气量核算

已知1度电的热值为3.6 MJ，1 m^3天然气的热值为36 MJ，由此可知一立方米天然气燃烧的热值相当于10度（1度=l kWh）电产生的热值。

传统用电用热方式，用户一天所用的电能是8.4 kWh，用户所用热能等效折算为电能是10.6 kWh，一共所需要的能量为19 kWh，需要1.9 m^3天然气。

热电联供系统一天的发电量是9.5 kWh，燃料电池输出热负荷折算为电能是10.6 kWh，对于CHP来说，这部分热负荷能量采用余热供给，无

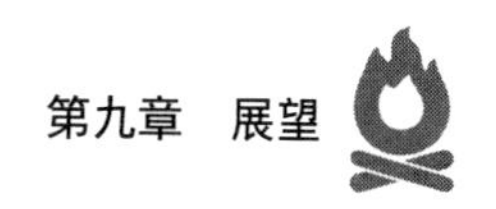

需额外能量，一共产生 9.5 kWh 的能量需要 0.95 m^3 天然气。

同时燃料电池系统所发电量扣除用户使用电量，剩余 1.1 kWh（0.11 m^3 天然气）的电能，这部分电能可并入电网，那么热电联供系统满足用户用热用电仅需 0.84 m^3 天然气。

所以，在忽略热电联供、热电水器效率的前提下，依据耗天然气量进行核算，节能率为 56%。

（三）用户端经济效益

1. 管道输送天然气加天然气重整热电联供情况

依据耗天然气量估算，传统用电用热方式满足用户一天所需的能量是 19 kWh，需要燃烧的天然气的体积为 1.9 m^3。假设天然气的价格是 4 元 /m^3，那么用户一天的费用为 7.6 元。单纯从天然气使用量节约的角度，年节约天然气费用为 1553 元。

2. 运输氢气加纯氢热电联供情况

在纯氢热电联供方式下，满足用户一天所需能量仅为 8.4 kWh，需要燃烧的天然气的体积为 0.84 m^3。一个单位的天然气对应两个单位的氢气，所以所需氢气的体积约为 1.68 m^3。假设现阶段较为理想的天然气重整制氢成本为 15 元 /kg，加之运输费用，较为理想的氢气终端价格为 20 元 /kg，则用户一天的费用为 3 元，年节省费用为 1679 元。

3. 费用变化的主要影响因素

费用节约的影响因素有制氢成本、天然气价格、效率等，主要因素是制氢成本。随着制氢方式的多样性及制、储、运氢的产业链发展，氢气越来越容易获得，制氢成本也将大大降低。

当前氢气成本较高，若氢气售价在 50 ～ 70 元 /kg，则花费高于使用天然气供热；若售价为 50 元 /kg，则花费等于使用天然气供热；随着制氢成本下降，当售价为 7 元 /kg，日消费 1.06 元 / 天，年节约费用 2387 元，此时可通过管道输氢代替交通运输；当售价为 3.5 元 /kg，日消费 0.53 元，年节约费用 2580 元，此数据与日本 NEDO 基于该国情况计算的数据 2600

元/年持平。未来将可再生能源制氢（电解水制氢等）和管道输氢相结合，通过管道将制得的氢气直接运送到用户使用，从而逐步代替化石能源制造天然气、通过管道输送天然气、再进行重整制氢的方式，将更大限度的减少氢气使用成本，为用户带来更可观的经济效益，同时减少环境污染，带来巨大的社会效益。

燃料电池热电联供不仅是绿色热力清洁供暖方式，还是直接面向用户的分布式能源系统，是未来极具发展潜力的供暖方式，也是目前最洁净的分布式能源系统之一。

二、我国集中供热节能技术的发展

（一）我国集中供热节能的发展现状

集中供热的热源主要是热电联产、区域锅炉房以及小锅炉房三种方式，《中国城市建设统计年鉴 2010》显示，2010 年我国集中供热总供热量（包括蒸汽和热水）为 291 113 万 GJ，其中热电联产占 44%，区域锅炉房占 53%；蒸汽供热总量为 66 397 万 GJ，热电联产约占 77%，区域锅炉房约占 13%；热水供热总量为 224 716 万 GJ，热电联产约占 34%，区域锅炉房约占 65%。国内民用散热器主要的热媒是热水，由上述统计年鉴数据可得我国集中供热的热源主要是锅炉，当前锅炉的制造工艺和技术虽然有所提高，但是其运行管理及配套设备都有待提高。在国家政策的指导下我国集中供热节能有了一定的进展，很多先进技术虽已建成但由于运行成本较高、管理疏忽并未真正投入使用，造成能源的浪费。

（二）集中供热节能的新技术

1. 集中供热系统的能耗来源

集中供热系统是由热源、热网和热用户三个主要部分组成，是一个复杂的系统。热媒在生产、输送和使用过程中都会产生能量损失，造成能源浪费。在生产热媒的过程中，锅炉效率决定着能源的利用程度，目前导致锅炉效率低下的原因有：锅炉热容量小；不能满负荷运行而导致的运行效率低；燃料燃烧不充分造成的燃烧效率低等。热媒输送过程中的能量损失主要是由于管道沿途散热；管网的跑、冒、滴、漏现象；管网的水力失调造成的冷热不均；不合理的运行方式和补水方式等。热媒使用过程中造成浪费的是室温的不可调节；开窗散热；节能意识不强等原因。

2. 目前国内的节能技术

（1）热源部分的节能技术

① 锅炉房的鼓、引风机采用变频调速技术。锅炉房中的鼓、引风机是耗能大户，基本上可以消耗整个锅炉房电量的80%，因此具有很大的节能潜力。采暖负荷在整个采暖周期内是变化的，在采暖周期的中间阶段热负荷较大，锅炉所需的风量就多，可是在采暖初、末期需要的空气很少，传统的定速风机虽然可以调节风量，但是只能通过阀门节流风量，并不改变风机的速度，是极浪费电能的。如果鼓、引风机是变频调速设备，就可以通过改变速度来调节风量，这种调节方式可以降低风机能耗。有研究表明：锅炉房鼓、引风机采用变频技术后可节能30%～40%。

② 多热源联网供热。由流体输配管网的知识可知，供热管网可分为枝状管网和环状管网，二者的区别在于各管段流体流向是否确定，流向全部确定的是枝状管网，否则为环状管网。枝状管网结构简单、经济投入较少，但是其供热稳定性差正在逐渐被环状管网取代，环状管网除了供热稳定性好以外还具有节约能源、可以实现经济运行等优点。在采用多热源联网供热时，可以根据外界条件变化灵活调整热源的种类，优先选用低能耗、环保、经济性好的热源供热，在用热高峰时再辅助于高消耗的热源，这样既能节约能源又能实现供热经济运行。多热源联网供热的可靠性好，在其中一个热源出现故障时，可以由其他热源向热用户继续供热，而不影响供热效果。

③ 提高锅炉的效率。锅炉的效率不仅跟燃料的燃烧工况有关，还与锅炉的出水温度有关，燃料燃烧的越充分、出水温度越高锅炉的效率就越高，提高锅炉效率的办法就是提高出水温度和改善燃烧的燃烧工况。具体措施是：第一，采用混水装置，保证锅炉长时间满负荷运行。根据用户端

热负荷的变化，利用混水装置调出合理的混水比使锅炉始终保持较高的出水温度，进而保证锅炉的高效运行。第二，加装热管省煤器，提高锅炉的热效率。省煤器是一种节能元件，它利用低温烟气的热量加热锅炉给水，热管的高效导热性使热管省煤器大大提高了锅炉的热效率。第三，中小型锅炉采用煤渣混烧减少炉渣含碳量，提高锅炉的燃烧稳定性，有研究表明：当煤与炉渣比例约为 4∶1 时，减少通风阻力使送风更加均匀，增加了煤层的透气性，提高了燃料燃烧的稳定性，进而提高锅炉的燃烧效率。第四，给锅炉配备分层给煤装置，采用分层燃烧技术，改善锅炉的燃烧环境，提高锅炉的燃料燃烧效率。

（2）热网部分的节能技术

① 加装水力平衡阀，改善管网的水力失调和热力失调。由于供热管网庞大，很难做到真正的水力平衡，即使做了再精确的计算也很难保证阻力平衡，这就需要在运行初调节时正确的开启阀门的开度，以实现各用户之间的平衡。目前采用的水力平衡阀有自力式流量控制阀和自力式压差控制阀，两者的调节原理基本相似，都不需要外加动力，只需依靠流体流动时产生的阻力变化或者压差来控制阀门的开度，不同的是自力式流量控制阀安装在用户的供水管上，而自力式压差控制阀安装在用户的回水管上。两者的适用范围也不同，自力式流量控制阀适用于未安装温控阀的定流量系统，而自力式压差控制阀适用于安装有温控阀的变流量系统。

② 完善二级管网的直埋技术，加强管网的保温减少输送过程的热量损失。加强管道的保温工作，可以减少在输送过程中的热量损失，目前我国的一级管网由于阀门少大多采用管道直埋技术，热量损失较少，可是二级管网由于阀门多以及检查井的存在直埋做得并不好，热量损失较多，为了减少二级管网的热量损失我们应该完善二级管网的直埋技术，多采用直埋球阀。这样既可以强化管道的保温工作，又可以有效地减少管道的跑、冒、滴、漏现象，有效地减少二级管网的热量损失，有数据表明：直埋敷设管道的热网效率大于 90% ～ 95%。

③ 改变管网的补水方式，减少补水量。补水率较大是二级管网和热力

站中存在的一个能源浪费问题，除了尽量减少泄漏点减少不必要的放水点来降低补水率外，在正常情况下，通过调节自力式压差阀用一级管网的水向二级管网补充；若一级管网压力不够或者系统水量损失较大时，则通过调节电磁阀向二级管网补水；只有在事故和冲水试压情况下才从补水箱中抽水经由补水泵向系统补水。

④ 改变管网的运行调节方式，用变流量系统替代原来的质调节定流量系统。传统的定流量质调节运行方式，热源温度的变化需要数小时甚至是十几个小时才能影响到用户，不仅浪费能量而且不能满足人们的舒适性要求。将系统中的水泵改为变频调速泵，这样可以根据负荷的变化随时调整流量的变化，通过变频达到节约电能的目的，据有关资料显示：供热系统采用变频调速技术节能率可达 30% 以上。

⑤ 分布式供热，降低循环泵扬程在供水干管上加中继泵，这样除了节能以外还可以在一定程度上缓解管网的水力失调。分布式供热是将管网的动力分开分布，除了在热力站设置循环输泵外在用户侧也设有水泵，这样可以有效降低首站泵的扬程，增大用户侧的阻力，不仅节能还能提高热用户的水力稳定性。

（3）热用户部分的节能技术

① 在散热器上加装恒温控制阀。恒温控制阀不仅可以帮助用户自主调整室内温度，而且还可以保证室内温度的恒定，提高人的热舒适性。但是应该注意恒温控制阀阻力很大，对供热管网阻力以及水力平衡影响较大，在现有工程改造过程中应该加以注意，必须经过详细的校核之后才能加装恒温控制器，以免造成压头不足、水力失调导致供热状况不好，造成能源的浪费。

② 根据房间性质、使用要求的不同，对建筑进行分区、分时、间断性供热，取代原来的连续供暖，节约不必要的能源浪费。分区、分时、间断性供暖可以根据外界条件的变化，调节系统的供热量使其与热负荷相一致，实现无需不供、少需少供、按需供热，达到最大限度的节能。

③ 推行供热计量收费制度。传统的按面积收费制度存在很多问题，用

户节能意识不强会开窗散热，而供热计量收费可以促使供热节能成为人们使用热量的一种自觉行为，但是我国单元式建筑并不适合分户热量表计量，当隔壁用户关掉或关小调节阀时两户之间的温差会很大，造成不可忽略的传热量，增加该户的用热量增大供热消费，目前还没有很好的解决方式。清华大学院士江亿提出了分楼计量、楼内按面积分摊的方法，即热计量表与热分配表相结合，在每一栋楼前安装热计量表，在户内每组散热器上安装热分配表，这样既能强化人们的节能意识，促进供热节能，还能有效地推动我国建筑围护结构节能。

（三）我国集中供热系统存在的问题

通过对国内相关文献的研究以及现场调研发现：我国集中供热系统虽有一定的发展，但是仍存在很多问题，从设计到运行再到管理都存在问题，主要表现如下。

1. 供热锅炉长时间低负荷运行，导致锅炉效率较低

大多数供热锅炉并没有按设计工况运行，锅炉出水温度低于设计值，锅炉不在高效区运行，导致能量浪费。

2. 供热管网水力失调现象严重

管网在设计阶段水力平衡计算以及安装过程都会影响管网的水力工况、热力工况，目前大多数供热系统存在水力失调、热力失调，造成供热冷热不均，引起不必要的热量浪费。

3. 各换热站数据不全热网运行参数不够准确，难以实现量化管理

没有很好的结合计算机自动控制系统，当管网出现故障时不能及时发现问题，影响管网的运行可靠性和浪费能源。

4. 国内专家对于分户热量计量计算方式的争议

在意识到我国福利性供热体制的缺陷时，我国开始实施供热改革学习欧美国家的分户计量体制，但是并未取得很好的节能效果，分户计量的体制没有错，而是不能照搬先进国家的计算方式，应该结合我国单元式建筑

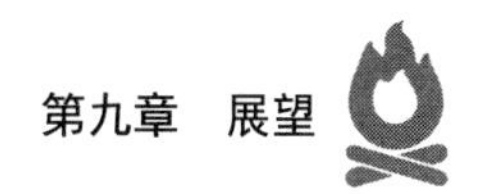

的特点找到适合我国的计算方式，实现分户热量计量。

（四）我国集中供热节能发展的方向

集中供热管网结构复杂系统庞大，为了达到理想的节能效果必须十分重视该问题，还应该加大对相关工作研究的支持，我国集中供热节能发展的方向如下。

（1）改善管网的水力失调现象，提高管网的水力平衡性，加强相关技术的研究。

（2）减少热媒输送过程中热量的损失，加强管道的保温，将热媒输送过程热能损失降到最低。

（3）在热源中多采用新型可再生能源，比如太阳能、地热能，甚至垃圾焚烧产生的热量。

（4）加入计算机自动控制系统，开发有更高精度的热工测量仪表，测出更加准确的运行参数，提高系统的准确性、可靠性和适应性。

三、热泵采暖技术

（一）热泵技术介绍

1. 热泵是什么

常见的蒸汽压缩式热泵是基于逆卡诺循环原理，实现逆向热功转换过程，通过机械功驱动，从低温热源吸热向高温热源放热的装置。顾名思义，热泵也就是像水泵那样，可以把不能直接利用的低位热源（空气、土壤、水中所含的热能，太阳能，工业废热等）转换为可以利用的高位热能，从而达到节约部分高位能（煤、燃气、油、电等）的目的。

2. 蒸汽压缩式热泵工作原理和分类

热泵机组主要由压缩机、蒸发器、冷凝器和热力膨胀阀四部分组成，机组供热（热水）工况时工作流程是：高温高压制冷剂气体从压缩机排出后，进入冷凝器冷却成高温高压液体，同时释放出大量热能（向高温热源放热），高温高压制冷剂液体经过热力膨胀阀进行节流膨胀后变为低温低压液体，压力和温度同时降低，低温低压制冷剂液体经过蒸发器吸热蒸发，变为低温低压蒸汽，同时吸收周围低温热源中的热量（也可理解为对低温热源供冷）。低温低压制冷剂蒸汽又进入压缩机压缩成高温高压气体，完成一个循环。

从热泵的工作原理中可以看出，热泵是一种既可以供暖也可以制冷的装置，具有多用性。

热泵技术与传统的供暖方式相比具有以下优势。

（1）一机多用

热泵不但能在冬季为建筑物供暖，同时还能在夏季兼做空调。此外，热泵还能提供生活热水。

（2）节能

热泵供暖同直接用电供暖相比，可以节约一半以上的电能。

（3）环境友好

热泵是由电力驱动，避免了燃烧化石燃料，不会对环境造成污染，从而为我国北方地区雾霾问题的解决提供了重要的技术途径。

根据低温热源的种类不同，热泵主要分为以下几种。

（1）水源热泵

吸收地表水、地下水、海水或污水中的热能。该类热泵受到水源条件的限制，如果处理不当还会污染水源，有可能对环境造成不利影响。

（2）地源热泵

通过埋管的方式吸收土壤的热能。此类热泵不必提取地下水或地表水，其安装不受水源条件的影响，但是受到土地条件的限制，而且埋管成本通常很高。

（3）空气源热泵

从空气中吸收热量。此类热泵具有无需室外工程（钻井、地埋管），环境友好，成本低廉（初投资与燃煤供暖大体相当）等特点，因而市场广阔。

我国水源和地源热泵的应用已较为普遍，并创造了千亿元左右的巨大市场。但由于水源和土地条件的局限、初投资高等原因限制了其进一步推广。空气源热泵直接以环境空气为冷热源实现冬季的供暖和夏季的制冷，与水源热泵相比，空气源热泵省却了钻井、埋管、水—水换热器等环节，初始投资低 30% ～ 50%，近年来得到了广泛的关注和飞速的发展，在我国夏热冬冷、夏热冬暖和温和地区已经大规模应用了空气源热泵。

（二）空气源热泵低温热水地板辐射供暖系统

1. 空气源热泵机组

（1）空气源热泵工作原理

空气源热泵技术是基于逆卡诺循环原理实现的，主要由压缩机、冷凝器、节流机构和蒸发器四个部分组成的。通过低温液态制冷剂在蒸发器中吸收外界空气的热量并汽化成为低温低压蒸汽，被压缩机吸入，经压缩后成为高温高压蒸汽排出，高压气态制冷剂进入冷凝器后，与被加热的物质进行热交换，放出热量，冷凝液化成高压液体，流经节流机，压力下降为低温低压的液体，再次进入蒸发器，不断的完成蒸发—压缩—冷凝—节流—再蒸发的热力循环过程，从而不断完成热量的转移，实现制热的目的。

（2）空气源热泵系统热源

空气源热泵系统以空气为热源，较其他系统热源取用最为方便。但是空气温度随季节变化大，冬季，室内热负荷增加，环境温度降低，系统会因为蒸发冷凝温差增加而导致供暖量减小；夏季，室内冷负荷加大，系统却会因为冷凝温度上升，导致制冷量减小，因此，为满足最恶劣状况的要求进行热泵系统设计、生产、选型是空气源热泵系统基本要求。

（3）空气源热泵系统型式

空气源热泵系统按照热源与供暖介质的组合方式划分系统型式，主要可以分为以下三种。

① 空气—空气热泵。这是最普遍的热泵型式，包括 VRV 多联机和单元式热泵。它被极广泛地用于住宅和商业中。通过自动控制的换向阀来进

行内部切换，以使空调器服务的空间获得热量或冷量。在该系统中，一个换热盘管作为蒸发器而另一个作为冷凝器。在制热循环时，需要加热得空气流过室内风盘（冷凝器）而室外空气流过室外表冷器（蒸发器）。工质换向后则成了制冷循环，需要冷却的空气流过室内风盘（蒸发器）而室外空气流过表冷器（冷凝器）。

② 空气—水热泵。这是水热泵型冷热水机组的常见形式，包括大型空气源—水热泵机组和户式热泵机组。与空气—空气热泵的区别在于采用热泵的压缩工质与水通过换热器进行热交换后以循环向室内供应热水或冷冻水。冬季按制热循环运行，供暖水给空调供暖。夏季按制冷循环，供冷冻水给空调制冷。制冷与制热循环的切换通过四通换向阀改变工质的流向来实现。

③ 空气—地板辐射热泵。这类地板辐射热泵机组的载热、载冷介质为压缩工质。制热时热源为压缩蒸气，用作室内供暖的介质为地板辐射能量。供冷的介质仍为空气。室内换热器采用地板辐射换热器和盘管表冷气两种形式共存，通过电动两通阀的动作完成冬夏转换。作为热源的高温高压蒸气来自于压缩机的高压气体。

在三种系统类型中，空气源—水环热泵空调系统中，室内机组水—空气热泵机组的运行工况与其他任何形式的水环热泵空调系统工况大致相同，不同点在于热能的来源方式。采用室外机组空气—水热泵机组供应热能。在空气源—水环热泵空调系统中，室外机组空气—水热泵机组在恶劣工况（冬季供暖，室外温度较低工况）下供水温度只有 6 ℃就能满足水环热泵机组的运行需求，空气源热泵由于出水温度较低，冷凝温度也会较低，系统运行工况较好，不但能正常运行，而且运行能效比较高。

2. 低温热水地板辐射供暖

随着高分子化工材料管材的发展，以热水盘管为热源的地板供暖在 20 世纪 90 年代蓬勃发展起来，与热风供暖相比它可以节能 20% 左右，这是由于：第一，在室内人体的热平衡中，与外界辐射热交换的比例要大于对流。因此，人体被较大的热面包围时，要求的室温可以低 2 ～ 3 ℃。第二，应用地板辐射供暖时，由于房间内的温度场上下均匀，在人体的呼吸区上部，没有因为室温过高而产生的过度热损失。第三，从人体的生理上看，热从脚下起有益于血液回流和身体健康。第四，由于地板的供暖面积比暖气片面积大得多，所以，它的表面温度可以大大低于后者，就可以满足室温要求。因此，常称为“低温辐射供暖”。

（1）低温热水地板辐射供暖系统

低温热水地板辐射供暖系统由热源、分水器、供暖管道和集水器四部分构成。通过埋于地板下热水管加热供暖空间的地板，以整个地板铺设面作为散热面，而向使用空间散热供暖的。

低温热水地板辐射供暖以不高于 60 ℃的热水为热媒，由于地板直接与人体接触，因此供水温度不宜过高。热水在加热管内循环流动，以辐射和对流的传热方式向室内供暖的供暖方式。为了达到良好的供暖效果，常见的地板结构为混凝土埋管式低温热水辐射地板，其主要构造方式从上到下依次可为：地面层、找平层、填充层、盘管、保温层、防潮层。

（2）低温热水地板辐射供暖的优点

低温热水地板辐射供暖主要有以下优点。

① 节能。较之传统的供暖方法，地板辐射供暖系统供水温度低，加热水所需消耗的能量少，热水传送过程中热量的消耗也少。地板辐射供暖主要依靠辐射传热，室内温度要比采用散热器时高 1 ～ 2 ℃。再者，由于进水温度低，便于使用太阳能、地热、空气及其他低品位热能，也就进一步节省了能量。根据实际运行，一般认为，地板辐射供暖要比传统供暖方式节能 20% ～ 30%，这还没有计入地暖使用塑料管，以塑代钢所节省的能量。

② 舒适性增强。由于地板辐射供暖提高了室内的平均辐射温度，使得人体的辐射散热量大大减小，从而增强了人体舒适感。由于室温可以比采用散热器时低，室内空气就不会那么干燥。

③ 实现“按户计量、分室调温”。节省室内面积，使室内空间布置更为灵活多变。

④ 地板辐射供暖技术已相对成熟，造价与散热器的价格基本持平。随着化学建材的生产水平、科研水平的迅猛发展，聚乙烯、聚丁烯、铅塑复合管等地暖系统实用的管林及配套的阀口、接头、卡箍等零部件目前在国内不但能大批量的投入合格生产，并且掌握了施工运行的先进技术，积累了工程经验，这为低温热水地板辐射供暖的大量使用奠定了良好的基础。

3. 空气源热泵低温热水地板辐射供暖系统

（1）空气源热泵低温热水地板辐射供暖系统原理

空气源热泵低温热水地板辐射供暖系统主要由室外的空气源热泵机组与室内的地盘管组成。

空气源热泵低温热水地板辐射供暖系统选择空气 - 水热泵系统作为室外热源。与传统的水环热泵空调系统相比，该系统采用空气源热泵机组和闭式冷却塔代替传统水环热泵空调系统中的锅炉和开式冷却塔；与土壤源水环热泵系统或水源水环热泵系统相比，用空气源热泵机组和闭式冷却塔代替地埋管水循环系统或者与井水换热后的循环水系统。空气—水热泵机组以室外大气为低温热源，从室外空气中吸取热量，制备 20 ～ 40 ℃温水供给室内循环水环路作为热源使用。夏季使用闭式冷却塔冷却系统循环水，满足水环热泵机组制冷时冷量需求。过渡季节若环路供水温度维持在 6 ～ 35 ℃范围内，室外空气源热泵机组和冷却水系统（闭式冷却塔）都不投入运行。

供暖工况时，空气源热泵机组用作供暖，室内水环热泵机组也用作供暖；供冷工况时，闭式冷却塔提供冷却用水，室内水环热泵机组用作制冷。

（2）空气源热泵低温热水地板辐射供暖系统现存问题

空气源热泵系统作为一项可再生能源应用的重要技术，得到了广泛的推广与应用，而将空气源热泵与地板辐射系统相结合，又进一步提升了系统的换热效率。由于该新型系统的研究应用时间不长，为了使其能够更加安全、有效地发展，目前还有很多问题需要解决。

① 缺少相应的设计规范。该系统的性能和经济性取决于建筑的负荷计

算，设备选用。精心的设计施工能够有效地提高系统的性能，延长使用寿命，而且能够降低系统的初投资及运行费用等。对于该新型系统，希望尽快建立相应的规范细则，从而有效地指导该技术的发展。

② 发展规模受限。空气源热泵由于空气侧的换热器体积相对庞大，故供暖规模较小。一般单台在 7～70 kW 范围内，但是有趋势为利用螺杆机，单台可达到 700 kW。

③ 冷天气时压缩机回气量的问题。空气源热泵在低温下工作时，蒸发压力很低，对一般的制冷剂来说其比体积会大幅度下降，因此返回压缩机的质量流量就大大降低。因而不但使压缩机的出力下降，而且，制冷剂携带的润滑油也少了，致使压缩过程润滑恶化，摩擦损失加大，排气温度升高，润滑油碳化，电机工况恶化，以致烧毁。现在很多系统多采用增补回气的方法避免恶性事故的发生。

④ 在夏季高温天气，由于其制冷量随室外空气温度升高而降低，同样可能导致系统不能正常工作。

⑤ 空气源热泵低温热水地板辐射供暖系统在陕南地区还处于试行阶段，并未通过理论、实验验证其适用性。

（三）适合严寒地区的喷气增焓空气源热泵技术

在环境温度相对较高时，空气源热泵运行性能良好，但是在室外环境温度较低时，存在压缩机压比大、压缩机排气温度过高、频繁出现过热保护、制热量衰减严重、热泵 COP（单位功率下的制热量）低和蒸发器结霜等问题，一直制约着空气源热泵在寒冷地区大规模推广应用。具有压缩机喷气增焓技术及经济器的空气源热泵系统（简称喷气增焓空气源热泵）是这一问题较好的解决方案。

1. 喷气增焓技术原理

喷气增焓技术是指以喷气增焓压缩机为基础，优化了中压段冷媒喷射技术。原理是通过中间压力吸气孔吸入一部分中间压力的气体，与经过部分压缩的冷媒混合后再压缩，实现以单台压缩机实现两级压缩，增加了冷凝器中的制冷剂流量，加大了主循环回路的焓差，从而大大提高了压缩机的效率。

压缩机采用喷气增焓方式，有效地降低了排气温度，提高了热泵系统的制热量和 COP，同时由于压缩过程为准二级压缩使压缩比增大，更有利于低温工况运行。

使用喷气增焓技术的空气源热泵系统主要有：带节能换热器的热泵系统和带闪发器的热泵系统。

带经济器的喷气增焓技术，在排气温度不高的条件下，可以控制节流阀优化中间节能换热器的换热性能，获得最大的制热量，当排气温度较高时，可以通过调节节流阀控制排气温度，保证压缩机可靠运行，同时带节能换热器系统，遵循独立设计原则，蒸发器流量和中间喷气流量分别由两个节流阀单独控制，互不耦合，系统调节容易，且喷气口压力低于排气压力，不会产生回流。

带闪发器系统的喷气增焓技术，遵循耦合控制原则，每一个节流阀调节，都会影响到蒸发器流量和中间喷气流量，需要联合控制，闪发器系统没有任何换热温差，系统 COP 理论上要优于经济器系统。在实际运用中，由于控制难度大且喷气口会产生回流现象，这些因素都将影响闪发器系统 COP。

2. 喷气增焓空气源热泵技术优势

现有普通热泵用压缩机只能运行在蒸发温度大于 –10 ℃范围，而且较低的冷凝温度限制了出水温度。喷气增焓热泵用压缩机可在最低蒸发温度 25 ℃的工况下运行，此时冷凝温度可达 65 ℃，提高了出水温度。在相同环境温度下喷气增焓系统能效都明显高于普通热泵系统，尤其是低环境温度下，节能效果非常显著。当室外环境温度为 –22 ℃时，热泵 COP 可达 2.22，可以满足我国严寒地区的采暖需求。

随着低温空气源热泵技术的成熟，已经先后在我国西藏、沈阳等地进行了供暖应用，供暖期平均 COP 达到 2.5 以上，效果良好。采用低温空气源热泵对既有建筑物热源进行改造（不含末端系统），初始投资约

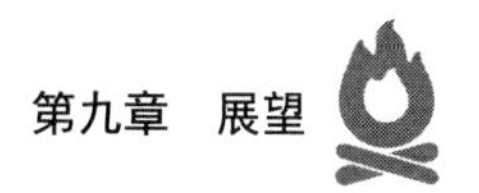

为 100 ～ 120 元 /m²，对于新建供暖系统，当末端形式为地板辐射供暖时，初始投资为 150 ～ 180 元 /m²，当末端形式为风机盘管时，初始投资为 180 ～ 210 元 /m²，在沈阳，空气源热泵运行费用与集中供热相当，比燃气壁挂炉节省 15% 以上，比电采暖节省 60% 以上。

从初始投资、运行环保节能、运行稳定等多方面说明，采用低温空气源热泵供暖是一项值得推广的燃煤替代绿色供暖技术。

（四）喷气增焓单螺杆压缩机热泵技术

制冷压缩机是空气源热泵的心脏，被称为热泵的主机，是热泵的核心技术。户用小型热泵用的滚动转子压缩机已在美的、格力、庆安制冷等公司实现了大批量生产，目前市场上销售的家用空气源热泵压缩机基本上都是国产的。

涡旋压缩机是集中空气源热泵的主流压缩机，占有 90% 以上的市场。市场上还有少量的双螺杆压缩机空气源热泵，主要是德国比泽尔、台湾汉钟等，急需发展自主品牌的集中空气源热泵压缩机技术。

采用喷气增焓的涡旋压缩机技术已经非常成熟，已经在市场上得到了普遍应用，但其适用于 20 匹以下的空气源热泵，需开发 20 匹以上的大中型空气源热泵压缩机。

单螺杆压缩机具有受力平衡、泄漏少、效率高等特点，是容积式压缩机的高端技术，特别适合大中型空气源热泵压缩机。

1. 单螺杆压缩机工作原理

单螺杆压缩机由一个螺杆和两个对称配置的平面星轮组成啮合副，安装在压缩机壳体内。螺杆的螺旋槽、壳体内壁和星轮齿侧与齿顶构成封闭容积。星轮的作用相当于活塞式压缩机的活塞，带螺旋槽的螺杆相当于活塞式压缩机的缸体。单螺杆压缩机的工作原理是当动力传送到螺杆上，由螺杆带动星轮旋转，气体由吸气腔进入螺旋槽内，随着星轮旋转，封闭容积逐渐减少，气体受到压缩，压缩终了的气体通过排气口和排气腔排出。

单螺杆制冷压缩机两个星轮和一个螺杆相啮合的对称布置，使得单螺杆压缩机的主轴运行处于完全平衡的状态，既无轴向力又无径向力，因而单螺杆制冷压缩机具有结构简单、运动部件少、受力平衡、寿命长、振动噪音低、压比高、容积效率高等一系列优点，被公认是制冷压缩机的高端技术。

2. 单螺杆压缩机的关键技术及北京工业大学的研发进展

螺杆和星轮是单螺杆压缩机的关键部件。螺杆和星轮的三维啮合表面的设计和加工是单螺杆的技术难点，不可能用通用数控机床制造螺杆和星轮。由于该项产品的核心加工工艺具有巨大的难度，国际上只有可数的几家公司拥有生产该项产品的成熟技术，并对其核心技术严密封锁。

目前生产同类产品的厂家在单螺杆关键件的加工工艺方面，普遍处于仿形加工工艺水平，加工出的啮合副理论上就存在着较大的误差，因此无法保证啮合副精度，影响产品的性能。北京工业大学通过多年研究，成功地研发了单螺杆转子和星轮的展成加工工艺，使转子与星轮形成共轭曲面，达到最佳啮合，提高了压缩机的工作寿命，减少了压缩机的运转噪声，已经成功研制了 2 台 5 级高精度专用机床，其中一台机床可加工的螺杆和星轮范围为 ϕ42 ～ 200 mm，加工的单螺杆压缩机的排气量在 0.1 ～ 6.8 m^3/min 之间，具备了年产 3600 套的生产能力；另外一台可加工的螺杆和星轮范围为 ϕ200 ～ 500 mm，加工压缩机排气量在 6.8 ～ 60 m^3/min 之间，具备了年产 1800 套的生产能力。

应用喷气增焓压缩机技术的空气源热泵在低温工况下可以良好运行，具有安装方便，初始投资和运行费用低的优势，在我国严寒地区具有良好的应用前景。

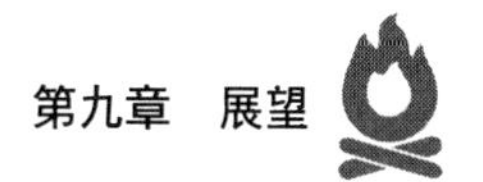

第三节　低成本清洁供暖

一、北方采暖地区建筑节能改造

（一）墙体节能改造

建筑物围护结构包括墙体、屋面和门窗，其中墙体所占比例最大，其保温性能与隔热性能也尤为重要，北方既有建筑冬季会进行采暖，夏季则利用空调降温，良好的保温隔热性能将直接降低建筑能耗。冬暖夏凉一直是人们对居住建筑的一种向往，随着国民经济的发展与居民生活水平的提高，夏季空调的使用率也越来越高，耗能也随之增加，它从侧面也反映出了目前我们既有建筑的节能效果并不理想，因此改善热工效果不好的建筑已经成为越来越重要的问题，如何提高围护结构的保温性能和隔热性能也将是我国未来发展中所必然面对的问题。

目前既有建筑墙体围护结构的保温方法主要有四种方式：内墙内保温、外墙外保温、墙体保温和综合保温。

1. 建筑内保温

此类墙体的保温形式采用在建筑物内侧进行保温处理的方式，将热阻高、稳定、密度小的绝热材料通过连接件连接或黏结形式接合到建筑物外墙内侧，绝热材料内侧则利用石膏板、内墙饰面砖或其他墙体饰面材料进行保护。

墙体节能性的关键所在是保温材料，它在建筑节能方面起着决定性作用，主要的保温材料有高效绝热材料（聚苯乙烯板、岩棉板等）和膨胀珍珠岩制品，其中混凝土空心砖及加气混凝土也同样有保温节能的作用。

内保温围护墙体的优缺点比较鲜明：优点在于此类墙体易施工，施工过程中建筑内部处理简单，无需考虑外部天气等情况对施工影响；此类保温墙体被使用较早，因此施工技术相对完善，标准及规范要求比较严格，目前成果也比较显著。缺点在于围护墙体与保温材料、饰面材料等有间隙，从而使保温层出现断面、产生热桥，使热损失变大；如果采用高效绝热材料与内墙连接的方式，绝热材料外侧内墙内侧容易出现结露现象；如若采用此种改造方式，施工过程中还会影响居民使用，使得施工周期将延长；室内再装修将受到极大阻碍，同时改造后居民使用面积降低，直接影响居民生活质量。

2. 建筑外保温

此类墙体的保温形式采用在建筑物外侧进行保温处理的方式，它将高性能绝热材料与围护墙体外侧结合，绝热材料外增加保护层，延长绝热材料使用寿命，保温材料覆盖在建筑物外表面（除门、窗及建筑预留孔），减少墙体出现热桥概率，有效阻绝墙体与外环境的热交换。

3. 墙内保温

墙内保温指在原有建筑物墙体内部（以墙体内部空芯为前提）补充隔热性能好的建筑材料，它是最快速最有效的节能改造手段之一，成本也相对低廉。但是目前既有居住建筑大多采用烧结砖或混凝土砖等实心砖作为墙体，没有中空结构，因此暂不考虑此保温类型。

4. 综合保温

综合保温由前面三种保温搭配而成的一种复合保温方式，其保温效果显著，成本昂贵。在没有特殊设计要求前提下，不建议采用此类保温。

综上所述，目前我国既有居住建筑墙体节能改造的选择应以外墙外保温节能改造为首选。保温的材料选择以胶粉聚苯颗粒保温浆料、模塑聚苯乙烯板（EPS）、挤塑聚苯乙烯板（XPS）等为主，XPS 强度很高，保温性能良好，EPS 热阻更高，保温性能优良，材料价格低廉，胶粉聚苯泡沫颗粒保温浆料则有施工简单，现场成型等优点。外墙外保温改造最经济有效的方法是用胶粉聚苯颗粒黏砌 EPS 板，该方法既能在外墙不平整的情况下施工，又能起到建筑物外墙阻燃的作用，同时还拥有绝佳的隔热性能。

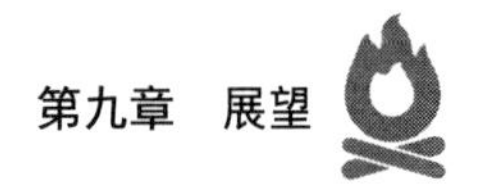

（二）外窗节能改造

门窗是整个建筑中单位面积热量损失最大的地方，目前，我国北方供暖地区既有居住建筑大多使用木框窗或腹钢框窗，其玻璃为单层玻璃，热工效果、气密性能，水密性能，抗风压性能都比较差，冬季采暖时期，室内热量经由外窗损失量更是高达总体围护结构热损失量的52%左右，因此也是既有建筑节能改造的关键之一。外窗的改造方法有以下几种方式。

1. 拆卸原有外窗更换节能外窗

将原有非节能窗拆卸，换上玻璃为两层或三层的中空玻璃、镀膜Low-E玻璃等，窗框为塑钢、铝塑等复合材料的整窗，外窗的开闭形式可随意选择。

2. 密封外窗

密封外窗主要的手段就是增添密封条，在有空隙和易出间隙的地方加装密封条，这种方法性价比最高，节能效果显著，施工周期短。国外研究表明，外窗在密封严密的情况下可节约20%的热能消耗。

3. 单层外窗改成双层外窗

即在不损坏原有外窗基础上，在原窗外侧或内侧加设一扇新窗，双层窗可有效降低热量损失，缺点在于通风能力及使用方便程度不及单窗。

4. 原窗贴膜

利用高性能膜贴在外窗上，从而使得膜与原有玻璃之间形成一个密闭空间，降低窗整体的导热系数，达到节能效果。

（三）屋顶节能改造

屋顶是建筑围护结构上部的顶盖，也是建筑节能时要考虑的重要因素之一。屋顶分为平屋顶、坡屋顶和其他形式的屋顶。目前大多数北方供暖既有建筑都是平屋顶。屋顶在节能材料选择方面与外墙相似，一般使用XPS等板材在屋面防水层上方或下方进行铺设。与外墙不同的是，屋面在雨雪等天气会承受更多的荷载，因此材料本身对抗压性能，耐冲击性等要求更高。平屋顶宜采用倒置式节能改造方法，即防水材料在下，保温材料在上的铺设方式。利用平屋顶的空间资源，城市中既有建筑还可以发展新型都市农业。坡屋顶节能改造可使用EPS与现场发泡聚氨酯等材料配合进行铺设，屋顶亦可安装光伏发电设备，为整个建筑提供电能，满足居民生活所需。

综上，建筑自身改造是既有建筑节能改造中技术改造的关键环节，屋面、屋顶和窗是建筑与外环境接触的最直接部位，也是能耗最大的部位，对这些部位进行节能改造将大幅提升建筑节能效果。节能施工中所使用的保温材料与防水材料应采用性价比高的材料，材料本身的导热系数，燃烧性能，防水性能应满足国家标准要求，胶凝材料及黏结材料应满足配合比设计要求，密封材料则应当达到其耐候性指标。新能源的收集和利用是实现建筑节能的一个重要手段，政府应当加强相关行业对新能源开发与推广，鼓励居民使用新能源，使既有建筑进入自供给的新状态。建筑现有能源的利用率也值得关注，包括建筑内热能的二次利用，建筑废水处理，雨水回收利用等。通过这些措施，既有建筑将向绿色建筑迈近一步，从而实现自然、社会、经济的可持续发展。

二、生物质采暖炉在大棚中的应用

低碳经济要求更多地使用可再生清洁能源，生物质能源因而日显重要。根据农业部相关部门资料，我国农村每年废弃焚烧的各类农作物秸秆达6～7亿t，其浪费的能源相当于几亿吨的煤。如何充分利用这些农作物秸秆，变废为宝是一个重要课题。

温室大棚中生物质热风炉的应用，就充分利用了农作物的秸秆的生物质特性，变废为宝。生物质能源是仅次于煤炭、石油、天然气的第四大能源，在整个能源构成系统中占有重要地位。广义上，生物质能源是植物通过光合作用生成的有机物，它的最初来源是太阳能，所以生物质能源是可再生的。它具有清洁性，大量性和普遍性，是一种取材容易，普遍且廉价的能源。在我国能源结构中具有举足轻重的地位，尤其是在农村能源领域，生物质能是其他能源不可替代的。

温室大棚的供暖设备主要是热风炉。热风炉与燃煤锅炉、电加热等加热设备相比，具有很大的优点：一是安全可靠，产出的热风直接输送到温室的各个角落，不需要任何水循环系统，在冬天不会出现水管结冰，渗漏问题。二是安装适用性强，操作简单，在室内需要很少的人员就可以完成全部操作；三是节约运行费用，可以按照用户的需求进行温室温度的调节，不涉及冬天防冻问题，从而节约运行成本；四是温室大棚升温快，各处受热均匀，温室大棚内的温差较小；五是有降湿防病的作用。热风炉输出干热空气，能够在 30 分钟内使室内湿度降低 60% ～ 70%。从而抑制各种病虫害的发生。生物质气化热风炉，充分利用生物质气化技术，使热风炉更加环保节能，而且成本低廉，燃料丰富，必将在温室大棚中得到更加广泛的应用。

热风炉的基本工作原理：燃料在燃烧室中充分的燃烧，燃烧得到的高温烟气进入换热器中和冷空气进行换热后得到所需温度的热空气，换热后的烟气再经过消烟除尘系统排到外界大气中。通常，热风炉主要由燃料供应系统、燃烧系统、换热系统经及排烟除尘系统组成。

其中换热系统是其最重要的部分，其中换热器装置又是换热系统的核心部件，主要功能是将热量从一种介质传给另一种介质，从而实现换热的效果。对于温室大棚供暖热风炉而言，主要采用的是间壁式换热器。排烟除尘系统主要是对烟气进行相关净化处理，使烟气达到国家排放标准后，才允许排放到外界大气中。

热风炉主要有燃煤热风炉、燃油热风炉、燃气热风炉和生物质燃料热风炉。

而我们推荐使用的是生物质燃料热风炉，它主要采用生物质为燃料，在东北地区主要使用秸秆。秸秆具有原料丰富，燃烧效率高且烟气中的污染物含量少等特点，是一种公认的清洁能源，对生态环境的保护具有重要意义，此种热风炉的应用领域及范围将逐步扩大。

生物质热风炉和其他热风炉相比，具有结构相对简单，污染少、造价低、热效率高等特点。非常适合广大农村的普及使用。

生物质热风炉主要由气化炉、换热器、鼓风机、排烟装置组成。气化炉主要是将生物质气化成可燃气体，直接在其燃烧装置中燃烧，此燃烧装置还有净化燃气的作用。换热器的作用是，燃烧后生成的大量烟气，进入到换热器中的管内，通过鼓风机将冷空气鼓到换热器的管外壳中，这样通过换热器的耦合换热，将冷空气加热，产生出所需的热风，将其用于温室大棚的供暖。

三、生物质燃料压块技术分析

生物质作为太阳能经光合作用合成的有机物，其转化后的能源可循环使用，具有可再生性和环境友好性的双重属性，其推广和利用将对能源结构的改善和能源需求的短缺发挥其必要的作用。近年来生物质能越发受到重视，其消耗量已跃居全球第 4 位，仅次于石油、煤炭和天然气，并有逐年增加的趋势。我国具有丰富的生物质能源，但由于其分散且面广，收集运输成本高，这将导致农作物秸秆能源利用仍停留在直燃状态，严重制约了农作物秸秆的燃料利用。直燃状态不仅污染严重，且燃烧能量不能集中，大大降低生物质的燃烧效率。

（一）生物质成型燃料特性

生物质燃料成型技术是指秸秆等生物质原料在专用成型设备中，按照一定温度和压力作用下，利用物料间以及物料与模辊间的相互摩擦，及生物质中木质素的黏结作用，将松散的秸秆等生物质压缩成颗粒或棒状的成型燃料。成型后的生物质燃料用于替代现有煤炭进行燃烧，降低有害气体的排放，大大改善大气环境。因其生物质成型燃料燃烧排放出的 CO_2 与光合作用吸收的 CO_2 基本达到平衡，实现燃料后 CO_2 零排放，且成型后的生物质密度增大将近 10 倍，体积大大降低，燃烧时挥发少、黑烟少。由此可见，生物质成型后可作为工业锅炉、住宅区供暖、居民用炊事、取暖的燃料。

生物质固化成型燃料有颗粒状和棒状两大类。其中颗粒燃料成型因其具有设备寿命长、燃料燃烧效率高等优势，得到推广应用；棒状燃料因其成型复杂、且燃烧不彻底而出现衰落的现象。同时，按成型机加压的方法来区分，成型机有辊模挤压式、活塞冲压式、螺旋挤压式等，其中应用最为广泛、产量最大的为模辊挤压式。

（二）生物质成型燃料加工技术与装备发展趋势

随着经济发展与环境保护间的问题突出，人们越发感觉到石化能源在枯竭的同时对环境造成的污染也日益加剧，在对可持续发展、保护环境和循环经济的追求中，世界开始将目光聚焦到了可再生能源与材料，“生物质经济”已经浮出水面。由于生物质本身具有的清洁、无污染、可再生等特性，是替代能源的首选之一。以生物能源和化工产品生产为主的生物质产业正在兴起，引起了世界各国政府和科学家的关注。因此，以降低生产成本为目的，寻求技术上的创新、突破，成为生物质成型燃料领域最大的难题。降低颗粒燃料的吨料能耗、降低设备的使用成本，也成为目前所追求的最大目标。

在生物质燃料成型技术与装备研究方面，国内外发展总的趋势是生产装备系列化和标准化，成型燃料商品化和市场化；国内主要在生产装备可靠性、耐磨性等方面上取得突破，并降低成型燃料生产能耗与设备生产成本。

1. 生物质成型燃料加工技术与装备应向系列化与标准化发展

当前，生物质成型技术与装备已取得了一定的发展，并在成型技术与装备方面出现了百花齐放的现象。因此，需要对不同成型方式的成型机进行重点应用领域的示范，得到不同成型方式下的最优成型工艺技术与装备。在此基础上，进行不同成型技术与装备的系列化开发应用，并通过制定相应的标准规范成型装备，在有条件的地方规范成型工艺，使其成型燃料达到标准的规范化，便于我国生物质成型燃料市场的有序化竞争，最终实现生物质成型技术与装备的系列化与标准化发展。

2. 生物质成型燃料应向商品化与市场化发展

随着生物质燃料利用领域的不断延伸，生物质成型燃料应尽快实现其具有的商品属性，通过市场化的运作方式达到生物质能的高效转化，实现调整能源结构、减少温室气体排放、保护环境等功能。开发利用生物质能，特别是把它们转化为高品位的能源，因地制宜，多能互补，对我国社会、经济和生态环境协调发展具有重要意义，为推动我国农作物秸秆资源化利用、商品化生产提供技术和装备支撑。

参考文献

[1] 丁涛，孙瑜歌，贺元康，等 . 西北地区清洁供暖发展现状与典型案例分析（一）：政策现状与现存问题 [J/OL]. 中国电机工程学报：1–11[2020–07–16].https：//doi.org/10.13334/j.0258–8013.pcsee.191778.

[2] 李春来，朱慧敏，苑舜，等 . 基于清洁供暖的多能互补系统能量管理策略研究 [J]. 机电信息，2020（15）：28–29+32.

[3] 许占坤，陈禹 . 新时期内蒙古自治区如何发展清洁能源供暖 [J]. 节能与环保，2020（05）：30–31.

[4] 周伟，周旭，李兆碧，等 . 京津冀地区清洁能源供暖对雾霾的影响 [J]. 重庆交通大学学报（自然科学版），2020，39（4）：98–103.

[5] 王金标，刘倩，杨敏华 . 基于“地热能 +”的县城区清洁供暖无煤化建设思路及探索研究 [J]. 区域供热，2020（2）：48–52+61.

[6] 刘明军，苏盈贺，陈涛，等 . 溴化锂吸收式机组在清洁供暖领域的应用 [J]. 智慧工厂，2020（4）：45–47.

[7] 马维华 . 财政金融政策支持清洁供暖的实践与启示 [J]. 青海金融，2020（3）：15–19.

[8] 于蓬，魏添，刘清国，等 . 分布式清洁供暖及氢能热电联供装置应用分析 [J]. 汽车实用技术，2020（5）：4–7+10.

[9] 王侃宏，牛晓科，刘欢，等 . 邯郸地区农村清洁供暖方式探讨 [J]. 山西建筑，2020，46（6）：134–135.

[10] 董晓冬 . 西藏清洁能源供暖发展浅析 [J]. 西藏科技，2020（2）：22–23+29.

[11] 刘璐 . 第二届北方农村清洁能源供暖能效提升与长效运行技术研讨会在北京召开 [J]. 安装，2020（2）：12.

[12] 李学军 . 泛在电力物联网助力解决清洁能源供暖问题 [J]. 农电管理，2020（2）：47–49.

[13] 李雅欣 . 农村建筑节能改造及清洁能源供暖应用研究 [D]. 河北科技大学，2019.

[14] 李敏婕 . 轻烃燃料在承德市农村供暖中的应用研究 [D]. 河北工程大学，2019.

[15] 张哲 . 哈尔滨市典型既有居住建筑清洁供暖改造方案可行性研究 [D]. 哈尔滨工业大学，2019.

[16] 霍宇露 . 煤改电背景下空气源热泵系统对电网负荷影响的研究 [D]. 太原理工大学，2019.

[17] 丛庆地 . 基于风电消纳的蓄热式电锅炉供暖应用研究 [D]. 长春工业大学，2019.

[18] 李悦 . 北方农村地区“煤改气”取暖生命周期环境与经济影响集成评价研究 [D]. 山东大学，2019.

[19] 杨远程 . 北京农宅冬季供暖碳排放及能源系统改善研究 [D]. 中国建筑科学研究院，2019.

[20] 王洋洋 . 我国城市集中供热系统模式研究 [D]. 河北工程大学，2019.

[21] 张彦 . 高温热泵能质提升技术在建筑节能中的应用研究 [D]. 天津大学，2018.

[22] 彭胜男 . 适用于北方农村独立民居的光伏—空气源热泵联合供热系统研究 [D]. 青岛理工大学，2018.

[23] 项吉元 . 大唐新能源开鲁地区风电供热项目运行方案设计 [D]. 吉林大学，2018.

[24] 黄华，李敏 . 清洁供暖 [M]. 北京：中国标准出版社 .2020.